NATIONAL GEOGRAPHIC KiDS

两栖动物的100个冷知识

赵亮/文

天地出版社 | TIANDI PRESS

图书在版编目（CIP）数据

两栖动物的 100 个冷知识 / 赵亮文 . -- 成都：天地出版社，2025.2

（猜你不知道）

ISBN 978-7-5455-8247-5

Ⅰ . ①两… Ⅱ . ①赵… Ⅲ . ①两栖动物 – 儿童读物 Ⅳ . ① Q959.5-49

中国国家版本馆 CIP 数据核字 (2024) 第 033747 号

CAI NI BU ZHIDAO · LIANGQI DONGWU DE 100 GE LENG ZHISHI

猜你不知道 · 两栖动物的 100 个冷知识

出品人 陈小雨 杨 政
监　制 陈 德
作　者 赵 亮
审　订 胡 恺
策划编辑 凌朝阳 何熙楠
责任编辑 何熙楠
责任校对 马志侠
封面设计 田丽丹
内文排版 罗小玲
责任印制 高丽娟

出版发行 天地出版社
（成都市锦江区三色路 238 号 邮政编码：610023）
（北京市方庄芳群园 3 区 3 号 邮政编码：100078）
网　址 http://www.tiandiph.com
经　销 新华文轩出版传媒股份有限公司

印　刷 北京天宇万达印刷有限公司
版　次 2025 年 2 月第 1 版
印　次 2025 年 2 月第 1 次印刷
开　本 710mm × 1000mm 1/16
印　张 13
字　数 274 千字
定　价 40.00 元
书　号 ISBN 978-7-5455-8247-5

咨询电话：（028）86361282（总编室）
购书热线：（010）67693207（营销中心）

如有印装错误，请与本社联系调换

目录

在本册书中，你会看到把孩子“含在口中”的达尔文蛙、没有舌头的非洲爪蟾、会装死的落叶蛙、小时候嘴上“长花瓣”的尖吻角蟾、最小的蛙——阿马乌童蛙等不同种类的两栖动物，了解它们都有哪些生存本领。现在就一起去探寻“非洲爪蟾怎么生活”“落叶蛙为什么要装死”“阿马乌童蛙体形多大”等问题的答案吧！

“飞蛙”——黑蹼树蛙

有些动物虽然不会飞，却能在空中短距离滑翔。黑蹼树蛙就凭借滑翔的能力得到了“飞蛙”之名。

黑蹼树蛙是无尾目树蛙科树蛙属的物种，从名字和分类不难看出，这是一种生活在树上的蛙。事实上，它们能在距离地面 57 米左右的树上活动自如，是目前已知住得最高的蛙。黑蹼树蛙因靠近前后肢掌骨部位的蹼呈煤黑色而得名，分布于我国和东南亚地区的热带雨林中。

黑蹼树蛙拥有宽大的脚蹼，展开后和扁平的

shēn tǐ yǐ jí tǐ cè de pí mó yì qǐ tí gōng dòng lì shǐ de tā men
身体以及体侧的皮膜一起提供动力，使得它们

néng jiè zhù kōng qì huá xiáng yán jiū xiǎn shì hēi pǔ shù wā néng huá xiáng
能借助空气滑翔。研究显示，黑蹼树蛙能滑翔

mǐ shèn zhì gèng yuǎn de jù lí
15米甚至更远的距离。

hēi pǔ shù wā lìng yí gè běn lǐng shì biàn sè tā men de shēn tǐ bái
黑蹼树蛙另一个本领是变色，它们的身体白

tiān chéng lán sè huáng hūn shí shì lǜ sè shēn yè zé biàn chéng hēi sè
天呈蓝色，黄昏时是绿色，深夜则变成黑色。

最大的蛙——非洲巨蛙

就像非洲鸵鸟是世界上最大的鸟，鲸鲨是世界上最大的鱼一样，蛙类中也有自己的巨无霸，这就是非洲巨蛙。

非洲巨蛙和我国最常见的青蛙（黑斑侧褶

蛙）是同科亲戚，在分类上都属于无尾目蛙科，分布于西非的喀麦隆和赤道几内亚，喜欢在热带雨林中的溪流、瀑布等水环境及近水区域活动，成年个体体长为17～32厘米，体重可达3千克，是目前已知最大的无尾目动物。

和那些小个子亲戚一样，非洲巨蛙同样拥有极强的跳跃能力。凭借两条又长又粗的后肢以及大块头带来的先天力量优势，非洲巨蛙最高可以跳到距离地面5米的高度。出色的弹跳能力让它们可以轻易捕捉到飞行中的昆虫，至于蝎子和甲壳类等不会飞的节肢动物更是“信口拈来”。非洲巨蛙有时也会攻击其他蛙类。

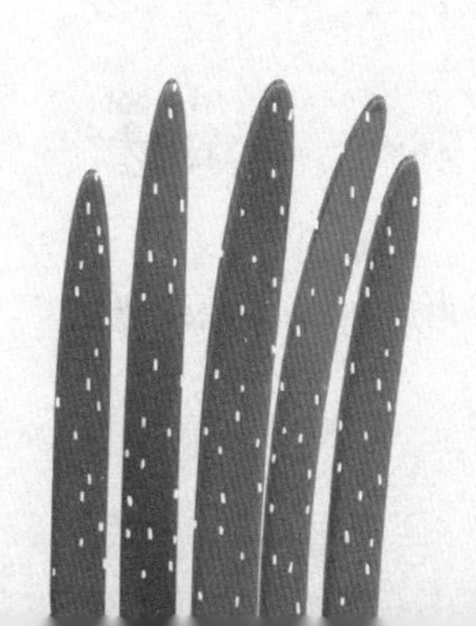

zuì dà de chán chú jù xíng hǎi chán chú

最大的蟾蜍——巨型海蟾蜍

wú wěi mù dòng wù zhǔ yào fēn chéng wā hé chán chú liǎng dà lèi chán
chú kē zhōng tǐ xíng zuì dà de yào shǔ jù xíng hǎi chán chú le

无尾目动物主要分成蛙和蟾蜍两大类，蟾蜍科中体形最大的要数巨型海蟾蜍了。

jù xíng hǎi chán chú shì wú wěi mù chán chú kē de wù zhǒng mù qián
yǐ zhī de zuì dà gè tǐ zhòng qiān kè suī rán míng zi lǐ yǒu gè
hǎi zì dàn jù xíng hǎi chán chú chéng nián hòu dà bù fen shí jiān dōu
shēng huó zài dàn shuǐ jí fù jìn de gān zhè dì lǐ tè bié ài chī gān zhè
dì lǐ de jiǎ chóng

巨型海蟾蜍是无尾目蟾蜍科的物种，目前已知的最大个体重2.65千克。虽然名字里有个“海”字，但巨型海蟾蜍成年后大部分时间都生活在淡水及附近的甘蔗地里，特别爱吃甘蔗地里的甲虫。

jù xíng hǎi chán chú yuán běn shēng huó zài měi zhōu dì qū zài dāng dì
zhǐ shì hěn pǔ tōng de chán chú dàn rú jīn zài ào dà lì yà hé rì běn
děng dì qū què yǐ rán chéng wéi lìng rén tóu téng de rù qīn wù zhǒng zài

巨型海蟾蜍原本生活在美洲地区，在当地只是很普通的蟾蜍，但如今在澳大利亚和日本等地区却已然成为令人头疼的入侵物种。在20

shì jì nián dài wèi le yìng duì jiǎ chóng duì gān zhè de wēi hài rén
世纪30年代，为了应对甲虫对甘蔗的危害，人

men céng cháng shì jiāng yì pī jù xíng hǎi chán chú yǐn rù ào dà lì yà yuán
们曾尝试将一批巨型海蟾蜍引入澳大利亚。原

běn zhǐ wang dāng dì de è yú kě yǐ xiàng tā men de měi zhōu qīn qi nà yàng
本指望当地的鳄鱼可以像它们的美洲亲戚那样

kòng zhì zhù zhè xiē wài lái wù zhǒng de shù liàng bù xiǎng tā men duì yú jù
控制住这些外来物种的数量，不想它们对于巨

xíng hǎi chán chú de dú yè wán quán méi yǒu dǐ kàng néng lì měi zhōu è yú
型海蟾蜍的毒液完全没有抵抗能力（美洲鳄鱼

yǐ jīng zài cháng qī de yǎn huà zhōng xíng chéng le miǎn yì lì zhí jiē
已经在长期的演化中形成了免疫力），直接

dǎo zhì yuán běn fán zhí néng lì jiù hěn qiáng de jù xíng hǎi chán chú yīn wèi méi
导致原本繁殖能力就很强的巨型海蟾蜍因为没

yǒu tiān dí ér shù liàng měng zēng chéng wéi ào dà lì yà dōng běi bù yán hǎi
有天敌而数量猛增，成为澳大利亚东北部沿海

dì qū zuì wéi fàn làn de rù qīn wù zhǒng
地区最为泛滥的入侵物种。

huì "biàn xìng" de lú wěi wā

会"变性"的芦苇蛙

zài zì rán jiè zhōng, yǒu hěn duō zhǒng dòng wù dōu jù yǒu zhǔ dòng
在自然界中，有很多种动物都具有主动
biàn xìng de néng lì, shēng huó zài fēi zhōu de lú wěi wā jiù shì rú cǐ.
变性的能力，生活在非洲的芦苇蛙就是如此。

lú wěi wā shì wú wěi mù wěi wā kē de wù zhǒng, fēn bù yú sā hā
芦苇蛙是无尾目苇蛙科的物种，分布于撒哈
lā shā mò yǐ nán de fēi zhōu dì qū, yīn xǐ huan pān fù zài lú wěi shàng
拉沙漠以南的非洲地区，因喜欢攀附在芦苇上

ér dé míng zhǎo zé hé lín dì shì tā men zhǔ yào de huó dòng chǎng suǒ
而得名，沼泽和林地是它们主要的活动场所。

hé hěn duō yú lèi yí yàng lú wěi wā zài bì yào de shí hou yě kě
和很多鱼类一样，芦苇蛙在必要的时候也可
yǐ wéi le zhǒng qún de fán yǎn ér gǎi biàn xìng bié shēn wéi qún jū shēng huó
以为了种群的繁衍而改变性别。身为群居生活
de wā lèi dāng yí gè qún tǐ xióng wā shù liàng guò shǎo shí yí bù fen
的蛙类，当一个群体雄蛙数量过少时，一部分
cí wā jiù huì zài jǐ gè yuè de shí jiān nèi gǎi biàn zì jǐ de shēng lǐ jié
雌蛙就会在几个月的时间内改变自己的生理结
gòu biàn chéng xióng wā xióng wā bù kě biàn xìng wéi cí wā cóng ér
构，变成雄蛙（雄蛙不可变性为雌蛙），从而
què bǎo qún tǐ chéng yuán de liǎng xìng bǐ lì hé shì tí shēng fán zhí lǜ
确保群体成员的两性比例合适，提升繁殖率。

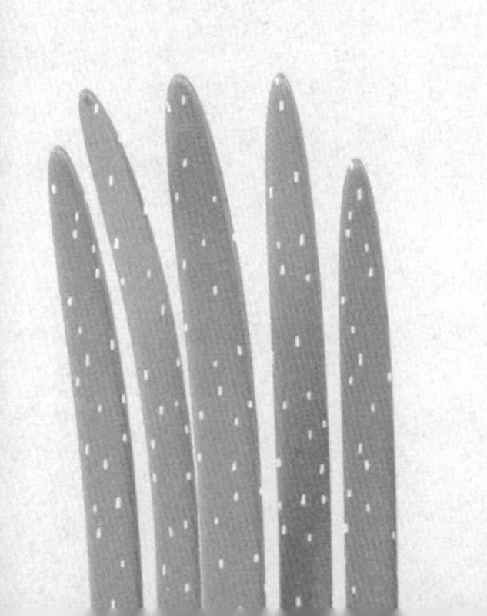

卵能感知危险的红眼树蛙

按常理来说，卵根本不可能感知到外界的危险，从而做出避险的举动。但红眼树蛙，具体说

shì tā men de luǎn què ràng rén men yǒu le diān fù xìng de rèn zhī
是它们的卵却让人们有了颠覆性的认知。

hóng yǎn shù wā shì shēng huó zài zhōng nán měi zhōu rè dài yǔ lín lǐ de
红眼树蛙是生活在中南美洲热带雨林里的
wā lèi suī rán míng jiào shù wā dàn tā men bìng bù shǔ yú shù wā jiā
蛙类。虽然名叫树蛙，但它们并不属于树蛙家
zú ér shì hé fēng mǐ yì shí de xiǎo yóu xì lǚ xíng qīng wā de yuán
族，而是和风靡一时的小游戏《旅行青蛙》的原
xíng dōng běi yǔ wā tóng shǔ yǔ wā kē hóng yǎn shù wā yīn yí duì hóng
型“东北雨蛙”同属雨蛙科。红眼树蛙因一对红
sè de dà yǎn jing ér dé míng zhǐ tou shàng néng fēn mì nián yè de xī pán
色的大眼睛而得名，指头上能分泌黏液的吸盘
shǐ de tā men kě yǐ pān fù zài shù shàng shì diǎn xíng de shù qī wā lèi
使得它们可以攀附在树上，是典型的树栖蛙类。

shēng wù xué jiā tōng guò cè shì fā xiàn hóng yǎn shù wā zài hái shi luǎn
生物学家通过测试发现，红眼树蛙在还是卵
de shí qī jiù jù bèi gǎn zhī wēi xiǎn de néng lì rú guǒ fù jìn yǒu tiān dí
的时期就具备感知危险的能力。如果附近有天敌
cún zài zhè xiē xiǎo jiā huo jiù huì lì jí dà liàng fēn mì kě róng jiě luǎn náng
存在，这些小家伙就会立即大量分泌可溶解卵囊
de méi jiā sù fū huà cóng ér ràng zì jǐ tí qián bǎi tuō luǎn náng de shù
的酶，加速孵化，从而让自己提前摆脱卵囊的束
fù bì miǎn bèi tūn shì de mìng yùn
缚，避免被吞噬的命运。

kù sì xiāng jiāo yè de duǎn zú fēi zhōu shù wā

酷似香蕉叶的短足非洲树蛙

jǐn kě néng róng rù zhōu wéi de huán jìng, duì yú ruò xiǎo de dòng wù
尽可能融入周围的环境，对于弱小的动物
lái shuō wú yí shì gè jí hǎo de shēng cún zhī fǎ, duǎn zú fēi zhōu shù wā
来说无疑是个极好的生存之法，短足非洲树蛙
jiù shì zhè me zuò de
就是这么做的。

duǎn zú fēi zhōu shù wā shì wú wěi mù fēi zhōu shù wā kē fēi zhōu shù
短足非洲树蛙是无尾目非洲树蛙科非洲树

蛙属的物种，其名字来源于较短的前肢。短足非洲树蛙是广泛分布于撒哈拉沙漠以南非洲地区的树蛙，体长从几厘米到十几厘米不等，主要栖息在热带雨林中，几乎只在树上活动，脚趾末端的吸盘状结构让它们可以牢牢地抓住树枝。

短足非洲树蛙昼伏夜出，以昆虫和其他小型无脊椎动物为食，因体色酷似香蕉叶也叫小香蕉树蛙。

除了体色，短足非洲树蛙还拥有很好的视力，一对大眼睛能发现潜在的危险，从而提前躲避。

长得像癞蛤蟆的东北粗皮蛙

蛙家族的成员普遍拥有光滑的皮肤，但东北粗皮蛙却是个例外。

东北粗皮蛙是无尾目蛙科腺蛙属的物种，分布在我国东北，朝鲜和韩国境内也有分布。东北粗皮蛙平均体长4.3～5.4厘米，雌性大于雄性。它们昼伏夜出，白天在稻草丛、水下杂草等隐蔽的地方休息，夜晚则在水田以及水流平缓的河流和水渠中捕猎，蚊子、蚂蚁、甲虫、蝉和蜘蛛是它们最爱吃的几类食物。

东北粗皮蛙和我们平时所说的青蛙都属于狭

yì shàng de wā kě tā men de xíng xiàng què dà bù xiāng tóng dōng běi cū pí
义上的蛙，可它们的形象却大不相同。东北粗皮

wā yì shēn huī àn de pí fū shàng miàn gē ge dā dā de kàn shàng qù dào
蛙一身灰暗的皮肤，上面疙疙瘩瘩的，看上去倒

shì hé sú chēng lài há ma de zhōng huá chán chú fēi cháng xiāng xiàng
是和俗称“癞蛤蟆”的中华蟾蜍非常相像。

用未受精卵喂养后代的草莓箭毒蛙

大多数无尾目动物都没有护卵和育幼的行为，但也有一部分会“绞尽脑汁”照顾后代，草莓箭毒蛙妈妈就给孩子制定了专门的食谱。

草莓箭毒蛙是箭毒蛙科箭毒蛙属的物种之一，主要栖息于中美洲的热带雨林中，平均体长约2厘米，喜欢吃有毒的昆虫。草莓箭毒蛙因大多数个体背部呈草莓般的红色，以及当地人会把它们的毒液涂抹在箭头上而得名。

对于刚出生的小蝌蚪，草莓箭毒蛙妈妈会用一种非常特殊的食物——未受精的卵（只有受

精卵才能孵化出蝌蚪）来喂养。这样做一方面可以让宝宝及时获取营养，另一方面也可以通过卵把自己体内的部分毒素（大部分聚集在皮肤上的腺体中）一点点转移给后代，让它们从一出生就开始积攒毒素，降低被天敌攻击的概率。

bèi shàng shēng hái zi de fù zǐ chán
背上生孩子的负子蟾

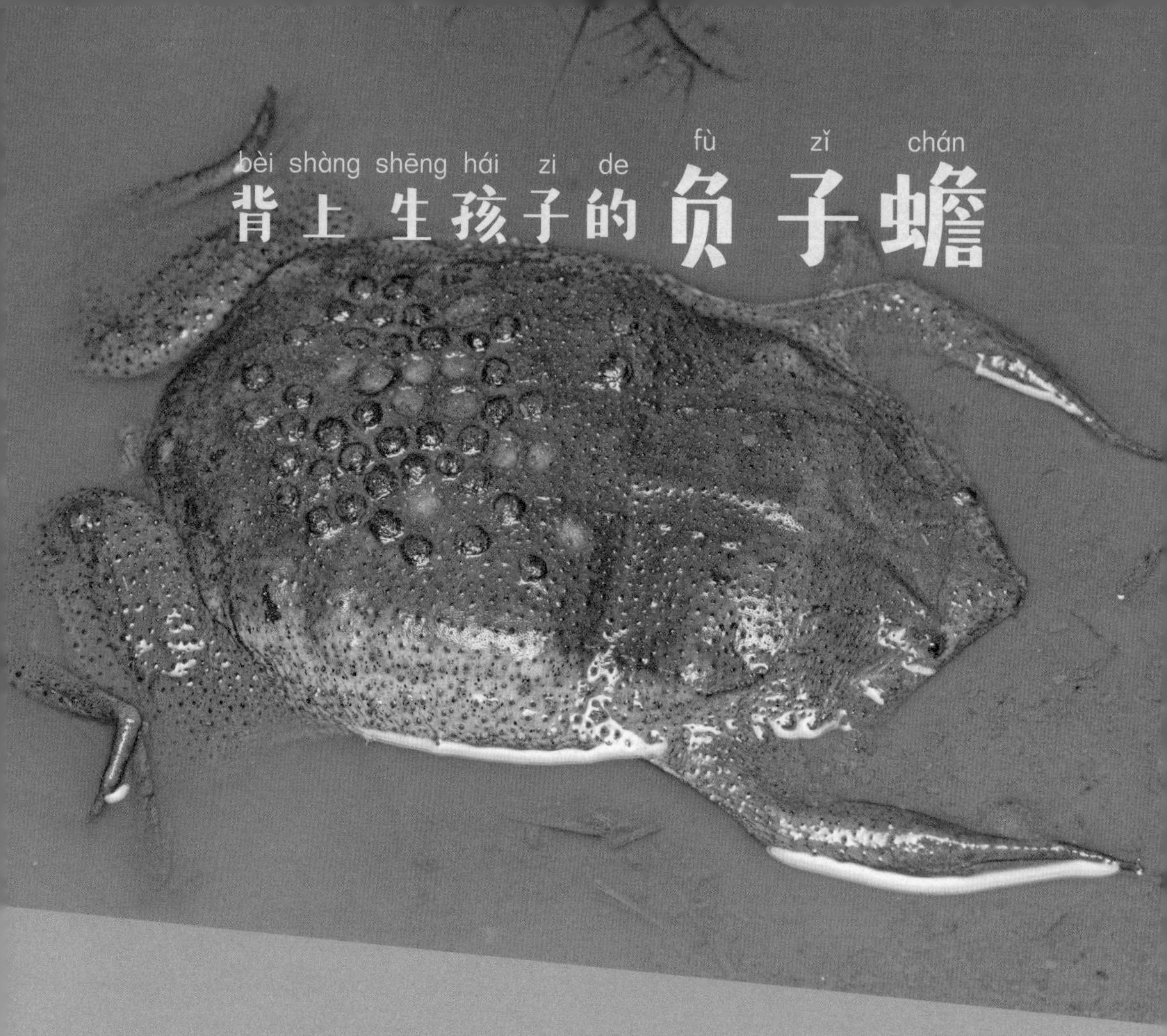

tí dào zhào gù hòu dài, jiù bù dé bù shuō shuo dà míng dǐng dǐng de fù zǐ chán.
提到照顾后代，就不得不说说大名鼎鼎的负子蟾。

fù zǐ chán shì wú wěi mù fù zǐ chán kē fù zǐ chán shǔ de wù zhǒng, qī xī yú nán měi zhōu yǒu cóng lín fēn bù de shuǐ yù zhōng. fù zǐ chán dà bù fen shí jiān dōu shēng huó zài shuǐ zhōng, liú xiàn xíng de shēn cái hé dài pǔ
负子蟾是无尾目负子蟾科负子蟾属的物种，栖息于南美洲有丛林分布的水域中。负子蟾大部分时间都生活在水中，流线型的身材和带蹼的强有力后肢使得它们可以快速游动。负子蟾没有舌头，捕食时用嘴直接咬，以小鱼和水生无脊椎动物为主食。

负子蟾因雌性背孩子而得名。雄性负子蟾把受精卵放到配偶的背部。几天后，雌性负子蟾原本平滑的后背上就会出现很多小坑，每个坑里都有一粒卵。这些卵会在大约半个月后孵化成小蝌蚪，而小蝌蚪会继续在妈妈的背上住一个月，直到尾巴消失才会下来。等孩子们“下背”后，完成带娃任务的负子蟾妈妈就会在石头或树枝等硬物上摩擦后背，把那些小坑磨掉。

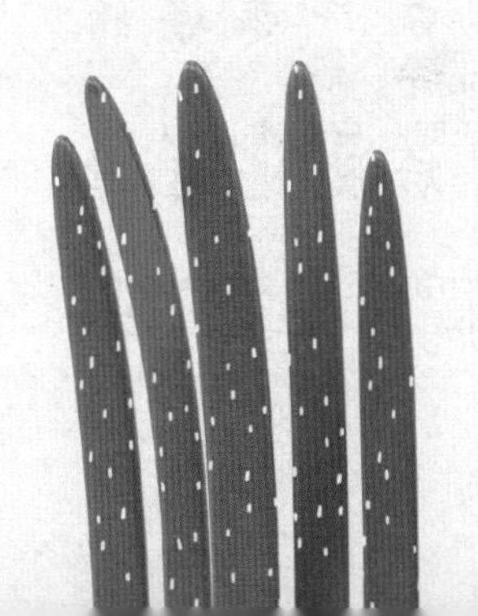

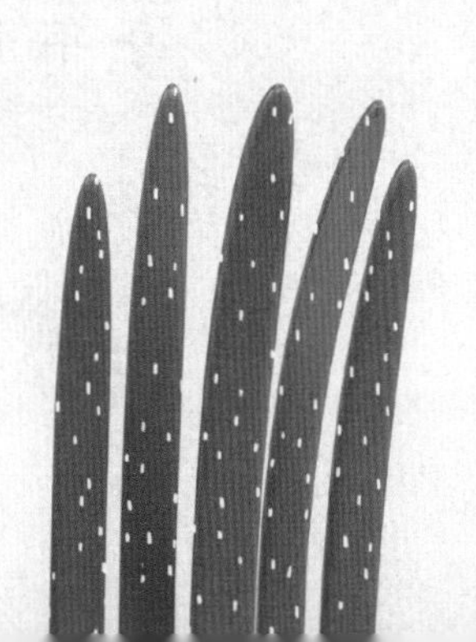

“模范奶爸”——产婆蟾

如果说雌性负子蟾是无尾目大家族里的好妈妈，那雄性产婆蟾就是模范奶爸。

产婆蟾也叫助产蟾，因雄蟾会用脚趾把卵从雌蟾体内抽出而得名。产婆蟾属于无尾目盘舌蟾科产婆蟾属，广泛分布于西欧和南欧的广大地区，最爱吃昆虫，喜欢在山地、林地、灌丛等陆地环境中活动，洞穴和石头缝隙是它们首选的藏身之所。产婆蟾能发出类似电波发射时的声音。

每年春夏两季（3月到8月），是产婆蟾的繁殖期。雌蟾产卵后，雄不蟾会用后腿进行搅动，让串着卵团的带子（蟾类的卵是一串串

de　chán rào dào zì jǐ shēn shàng　dà yuē　zhōu hòu　zhè xiē　zhǔn bà
的）缠绕到自己身上。大约3周后，这些“准爸

ba　huì lái dào qiǎn ér píng huǎn qiě miàn jī jiào xiǎo de shuǐ yù　shēng chǎn
爸”会来到浅而平缓且面积较小的水域“生产”。

yán jiū xiǎn shì　yì zhī chéng nián xióng xìng chǎn pó chán shēn shàng zuì duō néng
研究显示，一只成年雄性产婆蟾身上最多能

chán rào dà yuē　lì luǎn
缠绕大约170粒卵。

体色和卵相似的透明蛙

大部分动物的内脏都被皮肤、肌肉和骨骼层层包裹，从外表很难看到。但有些动物却生得“一览无余”。透明蛙就是这样的“非

zhǔ liú dòng wù
主流”动物。

tòu míng wā yě jiào bō li wā zài fēn lèi shàng shǔ yú wú wěi mù
透明蛙也叫玻璃蛙，在分类上属于无尾目

zhān xīng wā kē shì shēng huó zài zhōng nán měi zhōu rè dài yǔ lín zhōng
瞻星蛙科，是生活在中南美洲热带雨林中

de xiǎo xíng wā lèi píng jūn tǐ cháng zhǐ yǒu lí mǐ zuǒ yòu tòu
的小型蛙类，平均体长只有3厘米左右。透

míng wā yīn fù bù de pí fū tòu míng néng kàn dào nèi zàng ér dé míng
明蛙因腹部的皮肤透明，能看到内脏而得名

zài dàn huáng lǜ sè bèi jǐng xià yóu qí míng xiǎn
（在淡黄绿色背景下尤其明显）。

tòu míng wā bǎo bao yǒu kè jìn zhí shǒu de fù mǔ tòu míng wā huì bǎ
透明蛙宝宝有恪尽职守的父母。透明蛙会把

luǎn chǎn zài kào jìn shuǐ biān de shù yè shàng rán hòu xióng cí wā shuāng fāng yì
卵产在靠近水边的树叶上，然后雄雌蛙双方一

qǐ zài zhōu wéi shǒu hù píng jiè hé luǎn xiāng jìn de tòu míng tǐ sè tòu
起在周围守护。凭借和卵相近的透明体色，透

míng wā kě yǐ xī yǐn nà xiē yǐ wā luǎn wéi shí de ròu shí xìng kūn chóng qián
明蛙可以吸引那些以蛙卵为食的肉食性昆虫前

lái gōng jī zì jǐ rán hòu zài yòng qiáng yǒu lì de hòu tuǐ gěi duì fāng zhì
来攻击自己，然后再用强有力的后腿给对方致

mìng yì jī
命一击。

bǎ hái zi hán zài kǒu zhōng de
把孩子“含在口中”的
dá ěr wén wā
达尔文蛙

hán zài zuǐ lǐ pà huà le shì yí jù sú yǔ yòng lái xíng róng
“含在嘴里怕化了”是一句俗语，用来形容
zhǎng bèi guò fèn nì ài hái zi duì yú rén zhè kě néng shì gè kuā zhāng
长辈过分溺爱孩子。对于人，这可能是个夸张
de xíng róng dàn duì yú wā kě jiù bù yí dìng le dá ěr wén wā jiù zhēn
的形容。但对于蛙可就不一定了，达尔文蛙就真
zhèng zuò dào le bǎ hái zi hán zài kǒu zhōng
正做到了把孩子含在口中。

dá ěr wén wā shì wú wěi mù xián yòu chán kē dá ěr wén wā shǔ de wù
达尔文蛙是无尾目衔幼蟾科达尔文蛙属的物
zhǒng yīn bèi zhù míng shēng wù xué jiā dá ěr wén fā xiàn ér dé míng dá
种，因被著名生物学家达尔文发现而得名。达
ěr wén wā fēn bù yú nán měi zhōu xǐ huan zài kào jìn shuǐ biān de cháo shī lín
尔文蛙分布于南美洲，喜欢在靠近水边的潮湿林
dì zhōng shēng huó píng jūn tǐ cháng yuē lí mǐ yǐ bāo kuò kūn chóng zài
地中生活，平均体长约3厘米，以包括昆虫在
nèi de xiǎo xíng wú jǐ zhuī dòng wù wéi shí
内的小型无脊椎动物为食。

hé xióng xìng chǎn pó chán yí yàng xióng xìng dá ěr wén wā yě shì
和雄性产婆蟾一样，雄性达尔文蛙也是

duì hòu dài hē hù yǒu jiā de hǎo bà ba pèi ǒu chǎn luǎn hòu jí
对后代呵护有加的好爸爸。配偶产卵后，即
jiāng dāng bà ba de xióng wā jiù huì bǎ luǎn xī shù tūn rù kǒu zhōng chǔ
将当爸爸的雄蛙就会把卵悉数吞入口中，储
cún zài xià ba de shēng náng lǐ zhí dào xiǎo kē dǒu fū huà hòu zài tù
存在下巴的声囊里，直到小蝌蚪孵化后再吐
chū lái
出来。

成年比幼年个头儿小的

奇异多指节蟾

在我们的常识中，生物从出生到成年，体形应该是越来越大，但奇异多指节蟾却出现了“逆生长”的现象。

奇异多指节蟾主要分布于南美洲有茂盛植被的静水环境中，因脚上比其他无尾目动物多一节趾骨而得名；在分类上属于单独的多指节蟾科（也有观点认为属于雨蛙科）。

在幼年时期，奇异多指节蟾能长到25厘米，是世界上最大的蝌蚪。但当变成蟾蜍的形态后，它们却一下子缩水到6.5厘米左右。如果只是如此倒也不奇怪，因为蝌蚪和成年蛙/蟾蜍之间还有个幼蛙/蟾蜍阶段，有些种类在幼蛙/蟾蜍时期因为尾巴消失等原因体长确实不如蝌蚪阶段，但随后会继续长大。可奇异多指节蟾直到成年也一直保持幼蟾时的体形，到目前人们还没有弄清这种情况的成因，就因此给其取了个别名“不合理蛙”，也形象地称其为“萎缩蛙”。

dù zi shàng zhǎng yǎn jing de nà tè shù chán

肚子上“长眼睛”的纳特竖蟾

miàn duì tiān dí chú le táo pǎo ràng duì fāng rèn wéi zì jǐ gèng lì hai yě shì gè bú cuò de xuǎn zé nà tè shù chán jiù shì zhè me zuò de

面对天敌，除了逃跑，让对方认为自己更厉害也是个不错的选择，纳特竖蟾就是这么做的。

nà tè shù chán shì wú wěi mù huá bèi chán kē de wù zhǒng fēn bù yú nán měi zhōu xǐ huan zài gān zào de rè dài hé yà rè dài cóng lín zhōng

纳特竖蟾是无尾目滑背蟾科的物种，分布于南美洲，喜欢在干燥的热带和亚热带丛林中栖身。

纳特竖蟾也叫四眼蛙或假眼蛙，“假眼”指的是它们肚子上一对形状酷似眼睛的斑纹，是用来保命的一种武器。在预感到危险时，纳特竖蟾会用力鼓起肚皮，让原本隐藏在皮肤上的黑色眼斑显现出来，同时让周围的皮肤反射荧光。巨大眼斑加荧光的组合，往往会让捕食者以为自己遇到了体形很大的对手，从而仓皇逃跑。

如果如此强大的“气场”仍不起作用，纳特竖蟾就要进行化学攻击了，它们眼斑周边的腺体中会流出气味奇臭无比的液体，把对方恶心到知难而退。

小时候拥有红色尾巴的
可普灰树蛙

大部分蛙类的蝌蚪体色都比较暗淡，可普灰树蛙在童年时期却长有醒目的红色尾巴。

可普灰树蛙在分类上属于无尾目树蛙科树蛙属，是一种体长在4～5厘米的小型蛙类。可普灰树蛙拥有类似树皮的灰色皮肤，上面点缀黑、黄、绿等不同颜色的斑纹。可普灰树蛙主要分布于加拿大中南部及美国东部的温带森林中，喜欢在靠近水源的树上活动，拥有极强的跳跃和攀爬能力，以各种昆虫为主食。

夜晚是可普灰树蛙活跃的时候，它们会相互鸣叫，不同音调的鸣叫表达着不同的含义，

有的是交流，有的是警告。在繁殖期，可普灰树蛙的鸣叫会更加频繁，音量也会更大。

保留“尾巴”的尾蟾

所谓“无尾”，顾名思义就是“没有尾巴”的意思。然而无尾目这个家族里却出现了一个尚未“进化完全”的另类——尾蟾。

尾蟾是无尾目尾蟾科尾蟾属的唯一物种，

体长约5厘米，广泛分布于美国西北部和加拿大南部。尾蟾平时喜欢在潮湿阴冷的森林中居住，雌性在繁殖期会把卵产在湍急溪流的岩石下。

尾蟾尾部的小“尾巴”不是真正的尾巴，而是生殖器官的延长，由软骨和肌肉构成。因为这条假尾巴，尾蟾也成了无尾目中少有的体内受精的物种。

能在咸水中生活的海陆蛙

大多数蛙都只能待在淡水环境中，海陆蛙却能适应咸度很高的海水。

海陆蛙是无尾目叉舌蛙科陆蛙属的物种，分布于我国南方、东南亚及大洋洲的部分地区，栖息于海潮能够波及的咸水或半咸水区域，最喜欢在红树林中活动，以小鱼、小虾、软体动物、昆虫为食，尤其偏爱蟹类，因此也叫“食蟹蛙”。

海陆蛙能适应海水，全倚仗其特殊的肾脏。海陆蛙肾脏中尿素的浓度非常高，高浓度的尿素渗入血液中，使得其身体中的含盐量甚至比海水还高，从而在体内外形成了渗透压平衡。观察发现，成年海陆蛙能在盐度达到2.8%的咸水环境中活动自如；而在蝌蚪时期，它们更是能在盐度接近4%的海水里玩耍。

舌头不能翻卷的异舌穴蟾

大多数蟾类在捕猎时都会将长长的舌头翻卷而出，异舌穴蟾的动作却像极了人类吐舌头。

异舌穴蟾是无尾目异舌蟾科的唯一物种，体长约8厘米，栖息于中美洲地区，由于发现于墨西哥，因此也叫“墨西哥异舌穴蟾”。其名字中的“穴”字来源于它们除产卵期外几乎都居住在地下的生活习惯。

异舌穴蟾之所以能像人类一样吐舌头，和它们舌根长的位置不无关系。大多数无尾目动物的舌根都长在口腔底部靠前的位置上，舌根靠前了，舌头的朝向自然就向后了，因此在捕猎时需要做个翻卷的动作。而异舌穴蟾的舌根则

hé bāo kuò wǒ men rén lèi zài nèi de dà duō shù jǐ zhuī dòng wù yí yàng shēng
和包括我们人类在内的大多数脊椎动物一样，生
zhǎng zài kǒu qiāng hòu cè yīn cǐ tā men shé tou de cháo xiàng běn lái jiù shì
长在口腔后侧，因此它们舌头的朝向本来就是
xiàng qián de bǔ liè shí zì rán jiù bú yòng zài fān le
向前的，捕猎时自然就不用再翻了。

最抗冻的两栖动物——木蛙

和哺乳动物及鸟类不同，两栖动物的体温会随着外界温度变化而改变（称“变温动物”或“冷血动物”），因此通常无法忍受太过寒冷的环境，但木蛙却是个另类。

木蛙是无尾目蛙科蛙属的物种，分布于美国和加拿大境内，是现存唯一生活在北极圈内的两栖动物。因最早发现于阿拉斯加的森林中，也叫“阿拉斯加林蛙”。

木蛙不仅夏季活动自如，而且到了北极的严冬时节也可以安然入睡，哪怕是身体三分之二的面积被冰冻住也不用担心醒不过来，这得益于它们特殊的生理机能。在木蛙冬眠前，

它们体内的尿素会大量累积，体内的单糖也会悉数转化成葡萄糖，这两种物质共同起到防冻的作用，使它们的血液在冰点时依旧可以流动，从而避免细胞受损。

冬天过去后，木蛙体内的葡萄糖会重新转化成单糖，提供能量；而受酸碱度控制的酶也会变得活跃起来，消除高浓度的尿酸。此时，木蛙就可以“满血复活”了。

能“断骨亮爪”的壮发蛙

néng duàn gǔ liàng zhuǎ de zhuàng fà wā

dòng màn jué sè jīn gāng láng kě yǐ zài xū yào shí biàn chū hé jīn lì zhǎo zhè bìng fēi wán quán tiān mǎ xíng kōng de xiǎng xiàng xiàn shí lǐ de zhuàng fà wā jiù yǒu lèi sì de néng lì

动漫角色“金刚狼”可以在需要时变出合金利爪，这并非完全天马行空的想象，现实里的壮发蛙就有类似的能力。

zhuàng fà wā shì wú wěi mù jié wā kē fà wā shǔ de wù zhǒng fēn bù yú zhōng fēi dì qū xióng wā zài fán zhí qī qū gàn hé dà tuǐ shàng huì zhǎng

壮发蛙是无尾目节蛙科发蛙属的物种，分布于中非地区，雄蛙在繁殖期躯干和大腿上会长

chū dà liàng de zhēn pí rǔ tū kàn shàng qù jiù xiàng máo fà yí yàng yīn
出大量的真皮乳突，看上去就像毛发一样，因
cǐ yě jiào duō máo wā
此也叫“多毛蛙”。

shēn tǐ zhǎng máo bìng bú shì zhuàng fà wā zuì shén qí de dì
身体“长毛”并不是壮发蛙最神奇的地
fang duàn gǔ liàng zhuǎ cái shì tā men de jué huór jiù xiàng chú liè
方，“断骨亮爪”才是它们的绝活儿。就像除猎
bào wài de māo kē dòng wù píng shí huì bǎ zhuǎ zi shōu suō zài ròu diànr lǐ
豹外的猫科动物平时会把爪子收缩在肉垫儿里
yí yàng zhuàng fà wā de zhuǎ zi yě yǐn cáng zài liǎng tiáo yōng yǒu dà liàng jié
一样，壮发蛙的爪子也隐藏在两条拥有大量结
dì zǔ zhī kě yǐ zuì dà xiàn dù péng zhàng hé shōu suō de hòu tuǐ zhōng
缔组织、可以最大限度膨胀和收缩的后腿中。
píng rì lǐ zhuàng fà wā de zhuǎ zi jiù rú tóng fàng zài dāo qiào lǐ de lì rèn
平日里，壮发蛙的爪子就如同放在刀鞘里的利刃
yí yàng dāi zài tuǐ gǔ zhōng yí dàn yù dào wēi xiǎn tā men jiù huì yòng lì
一样待在腿骨中，一旦遇到危险，它们就会用力
shōu suō jī ròu bǎ zì jǐ de gǔ tou zhé duàn ràng zhuǎ zi cóng pí fū
收缩肌肉，把自己的骨头折断，让爪子从皮肤
de pò kǒu chù cì chū gěi duì fāng tū rán yì jī
的破口处刺出，给对方突然一击。

hé māo kē dòng wù de zhuǎ zi bù tóng zhuàng fà wā de zhuǎ zi shì
和猫科动物的爪子不同，壮发蛙的爪子是
chún cuì de gǔ tou shàng miàn méi yǒu pí fū fù gài wán chéng gōng jī hòu
纯粹的骨头，上面没有皮肤覆盖，完成攻击后
yě wú fǎ bǎo chí zài tǐ wài ér shì huì zì dòng suō huí tuǐ gǔ nèi pò
也无法保持在体外，而是会自动缩回腿骨内，破
sǔn de shēn tǐ zǔ zhī yě huì huī fù rú chū
损的身体组织也会恢复如初。

kàn bú dào kē dǒu shí qī de

看不到蝌蚪时期的

sǎn yóu duǎn tóu wā

散疣短头蛙

sǎn yóu duǎn tóu wā shǔ yú wú wěi mù jī wā kē shēng huó zài fēi zhōu
散疣短头蛙属于无尾目姬蛙科，生活在非洲
běi bù dì qū de shā mò zhōng yīn cǐ yě jiào shā mò yǔ wā yòu
北部地区的沙漠中，因此也叫“沙漠雨蛙”；又
yīn wèi shēn cái kù sì mán tou ér bèi xíng xiàng de chēng wéi mán tou wā
因为身材酷似馒头而被形象地称为“馒头蛙”。
sǎn yóu duǎn tóu wā chéng nián hòu tǐ cháng tōng cháng bù chāo guò lí mǐ
散疣短头蛙成年后体长通常不超过5厘米，
cí xìng lüè dà xiāng duì biǎn píng de shēn cái hé duǎn xiǎo de sì zhī ràng tā
雌性略大。相对扁平的身材和短小的四肢，让它
men zài yù dào wēi xiǎn shí bú shì tōng guò kuài sù yóu yǒng huò tiào yuè táo lí
们在遇到危险时不是通过快速游泳或跳跃逃离，
ér shì gǔ chéng qiú zhuàng gǔn rù dòng xué zhōng cáng shēn
而是鼓成球状滚入洞穴中藏身。

zhòng suǒ zhōu zhī wā chán chú děng zài kē dǒu shí qī dōu shì shēng
众所周知，蛙、蟾蜍等在蝌蚪时期都是生
huó zài shuǐ zhōng de kě sǎn yóu duǎn tóu wā què tiān shēng bú huì yóu yǒng
活在水中的，可散疣短头蛙却天生不会游泳，
wèi cǐ tā men gǎi biàn le zì jǐ de shēng zhǎng lì chéng hé dà duō shù
为此，它们改变了自己的生长历程。和大多数

wā huì cóng luǎn zhōng fū huà chéng kē dǒu bù tóng sǎn yóu duǎn tóu wā zài kē
蛙会从卵中孵化成蝌蚪不同，散疣短头蛙在蝌

dǒu shí qī bú huì pāo tóu lòu miàn ér shì zài luǎn zhōng fā yù chéng yòu wā de
蚪时期不会抛头露面，而是在卵中发育成幼蛙的

xíng tài hòu zài pò luǎn ér chū
形态后，再破卵而出。

喜欢吃素的六趾蛙

大多数蛙类都是无肉不欢，以素为主的少之又少，六趾蛙算是其中之一。

六趾蛙属于无尾目叉舌蛙科水栖蛙属，广泛分布于印度、孟加拉国和斯里兰卡境内。从分类不难看出，这是一种水栖蛙类，海拔760米以下的淡水环境是其主要栖息场所，有时也进入半咸水区域。

从名字看，六趾蛙应该是长了6个脚趾，

但实际上它们两条后肢上的脚趾数跟大多数无尾目亲戚一样都是5个，所谓的第六趾其实只是脚掌末端一个形状酷似指头的延长。对于这个延长出来的假指头，有研究者猜测可能会在水下挖掘洞穴时起到辅助作用。

成年六趾蛙以金鱼藻为主食，和其他亲戚相比，素食比例很高，但它们并不会像游戏《旅行青蛙》的主角那样完全吃素，在必要的时候还是会偷袭落水的小型鸟类补充蛋白质，这种现象在繁殖期的雌蛙身上尤为明显。而在婴儿时期，六趾蛙则比其他蛙类的蝌蚪更能吃肉，昆虫类食物占到90%左右。

叫声像狗叫的犬吠蛙

在我们的印象中，青蛙会发出“呱呱”的叫声。其实，蛙的种类众多，叫声也是千奇

bǎi guài yǒu xiē tīng shàng qù gēn běn bú xiàng wā jiào quǎn fèi wā jiù
百怪，有些听上去根本不像蛙叫，犬吠蛙就
shì rú cǐ
是如此。

quǎn fèi wā shì yì zhǒng yǔ wā tǐ cháng yuē lí mǐ qī
犬吠蛙是一种雨蛙，体长约9.5厘米，栖
xī yú cóng měi guó xī nán bù dào mò xī gē zhōng xī bù de guǎng kuò fàn
息于从美国西南部到墨西哥中西部的广阔范
wéi nèi jué dà duō shù shí jiān zài kào jìn hǎi biān de lín dì zhōng huó
围内，绝大多数时间在靠近海边的林地中活
dòng shì diǎn xíng de lù qī wā lèi
动，是典型的陆栖蛙类。

quǎn fèi wā de míng zi lái yuán yú xióng wā qiú ǒu shí de jiào shēng
犬吠蛙的名字来源于雄蛙求偶时的叫声。
měi nián chūn jì shì quǎn fèi wā de fán zhí qī wèi xī yǐn cí wā xióng
每年春季是犬吠蛙的繁殖期，为吸引雌蛙，雄
wā huì cóng hóu lóng lǐ fā chū wū è wū è de
蛙会从喉咙里发出“呜——呃、呜——呃”的
shēng yīn cóng yuǎn chù tīng hěn xiàng gǒu jiào
声音，从远处听很像狗叫。

“自带保湿霜”的蜡白猴树蛙

由于肺功能发育不全，两栖动物在成年后通常需要皮肤来辅助呼吸。为保持皮肤湿润（这是辅助呼吸的重要条件之一），大多数两栖动物都喜欢待在相对潮湿的环境中，蜡白猴树蛙却不在主流之列。

蜡白猴树蛙也叫彩腹叶蛙或蜡猴叶泡蛙，是美洲特有物种，栖息于中南美洲，分类上属于无尾目雨蛙科叶泡蛙属。成年后体长在8.5厘米左右，主要在夜晚活动，背部颜色会随着光线的明暗和空气湿度的变化在黄绿和灰绿之间变换。

蜡白猴树蛙之所以喜欢生活在干燥炎热的环境中，和它们的身体功能密不可分。蜡白猴

shù wā pí fū de xiàn tǐ chù huì chǎn shēng yì zhǒng là zhì fēn mì wù néng
树蛙皮肤的腺体处会产生一种蜡质分泌物，能
qǐ dào bǎo chí pí fū shī rùn de zuò yòng dāng zhè zhǒng là zhì liú chū hòu
起到保持皮肤湿润的作用。当这种蜡质流出后，
tā men jiù huì yòng yì cháng líng huó de sì zhī jiāng qí tú biàn quán shēn
它们就会用异常灵活的四肢将其涂遍全身。

chú le pí fū néng fēn mì bǎo shī shuāng là bái hóu shù wā
除了皮肤能分泌“保湿霜”，蜡白猴树蛙
de páng guāng yě qǐ le guān jiàn zuò yòng tā men néng zài pái niào de shí hou
的膀胱也起了关键作用，它们能在排尿的时候
bǎ niào yè chǔ cún xià lái zhǐ pái chū bàn gù tǐ zhuàng de niào suān zhè
把尿液储存下来，只排出半固体状的尿酸。这
xiē bǎo cún xià lái de niào yè jīng guò shèn zàng de jiā gōng hòu huì chóng xīn bèi
些保存下来的尿液经过肾脏的加工后会重新被
shēn tǐ xī shōu qǐ dào bǎo shuǐ de zuò yòng
身体吸收，起到保水的作用。

蛙家族的跳高冠军——南方蟋蟀蛙

蛙家族的成员普遍擅长跳跃，如果按照与身体的比例评选跳高冠军的话，南方蟋蟀蛙有很大的夺魁可能。

南方蟋蟀蛙是无尾目雨蛙科蟋蟀蛙属的

成员，主要栖息于美国东南部，是北美特有的小型蛙类，成年后体长不超过3厘米。南方蟋蟀蛙头顶长有三角形斑纹，皮肤总体呈棕色或绿色，池塘、溪流以及有水草的浅水区域是它们的主要活动场所。

南方蟋蟀蛙可以跳到1.8米的高度，约是体长的62倍，这得益于它们强有力的后肢。它们的腿部除了异常发达的肌肉，还拥有弹性极强的肌腱，可以在跳跃时起到类似弹簧的作用，将力量发挥到极限。

成长最快的无尾目动物——库氏掘足蟾

很多种类的蛙或蟾蜍都会选择在小水坑中产卵。在较为干旱炎热的地区，小水坑很容易干涸，库氏掘足蟾的应对办法是“抢时间”。

库氏掘足蟾是无尾目掘足蟾科掘足蟾属的物种，分布于从美国南部到墨西哥的草原、灌丛、疏林地带，是北美特有蟾蜍（掘足蟾科只分布于北美地区，由于外形和亚洲、非洲、欧洲地区的锄足蟾科很像，也称“北美锄足蟾科”）。库氏掘足蟾因喜欢用后肢挖掘地洞并且后肢上面有铲子状的棱嵴而得名。

成年后的库氏掘足蟾大部分时间居住在地下，但在婴儿时期，用腮呼吸的它们却不得不像其他无尾目动物的蝌蚪一样在水中生活。为了避免因干涸导致没地方住，库氏掘足蟾演化出了快速孵化并发育的本事，从卵到发育成幼蟾只需要3～4天。

最小的蛙——阿马乌童蛙

蛙家族中有不少体形袖珍的成员，这其中最小的要数阿马乌童蛙了。

阿马乌童蛙是无尾目姬蛙科童蛙属的物种，因发现于南太平洋岛国巴布亚新几内亚的阿马乌地区而得名，也是当地的特有蛙类，热带雨林中有着厚厚枯叶的地方是其主要活动场所。

阿马乌童蛙最显著的特征就是体形小。它们成年后的平均体长只有0.77厘米，这个数值不但是无尾目中最小的，也是独立生活的脊椎动物中最小的。

不但个头儿小，阿马乌童蛙的音量也和虫

míng méi shén me qū bié zài jiā shàng lèi sì shù pí yí yàng de zōng sè pí
鸣没什么区别，再加上类似树皮一样的棕色皮

fū shǐ de tā men zài suǒ chù huán jìng zhōng hěn nán bèi fā xiàn yǒu lì
肤，使得它们在所处环境中很难被发现，有利

yú bì kāi tiān dí
于避开天敌。

以“吃豆人”为名的钟角蛙

20世纪80年代曾有一款名为《吃豆人》的游戏，而这个游戏名字如今已经成了钟角蛙的昵称。

钟角蛙属于无尾目角花蟾科，分布于南美洲的阿根廷、乌拉圭和巴西，是角花蟾家族里体形最大的成员——雌蛙体长可达16.5厘米，较小的雄蛙也有11.5厘米。

在美国，钟角蛙被戏称为“吃豆人”，这和它们贪吃的性格不无关系。和大多数蛙一样，钟角蛙是纯粹的肉食主义者，凡是能吞下去的，不管是鸟类、鼠类、蛇类以及节肢动物，全都要尝尝，而它们的主食甚至是其他无

尾目动物（解剖结果显示占据78.5%）。

除了“吃豆人”，钟角蛙还可以根据英文音译成“贝氏角蛙”，或者根据发现地称为“阿根廷角蛙”。至于“钟角蛙”这个中文正名，其实是我国学者根据英文意译的结果，倒也符合雄蛙的叫声。

没有舌头的非洲爪蟾

无尾目家族的大多数成员都拥有一条沾满黏液的长舌头，可以把猎物牢牢粘住，因此捕猎时并不需要前肢帮忙，但非洲爪蟾却是个例外。

非洲爪蟾和前面提到的负子蟾是亲戚，属于负子蟾科爪蟾属，体长约12厘米，因只分布于撒哈拉沙漠以南的非洲地区，以及两条后肢上分别长有3个爪子而得名。成年后除河水干涸时躲在泥洞里夏眠外，其余时间都生活在淡水中，是完全水栖的蛙。

和大多数无尾目动物不同，非洲爪蟾

没有舌头，它们进食的过程可谓“手脚并用”。如果是较小的猎物，非洲爪蟾就会把前肢当筷子用，将食物扒拉进口中；如果猎物的体形较大，那就先用前肢固定，然后将灵活的后肢快速前伸，用上面的爪子将其撕碎后再吞下。

直接生蝌蚪的长尖牙青蛙

前面提到由于散疣短头蛙特殊的生长方式，没人见过它们的蝌蚪时期，而同样奇葩的长尖牙青蛙则始终把卵藏于体内。

长尖牙青蛙是仅分布于印度尼西亚苏拉威西岛的蛙类，在分类上属于无尾目叉舌蛙科大头蛙属，体长约4厘米。和大部分有牙的蛙类只拥有上颌齿或犁骨齿（犁骨位于内鼻孔附近，犁骨齿是上面的小齿）不同，雄性长尖牙青蛙下颌上也长有类似牙齿的尖锐突起，名字也由此而来。

雄性长尖牙青蛙拥有奇特的外表，而雌性长尖牙青蛙则靠特殊的生育方式彰显自己的不同。繁殖期的雌性长尖牙青蛙不会像其他无尾目亲戚那样产卵，而是让卵在自己体内孵化成蝌蚪，是已发现的蛙类中唯一直接生蝌蚪的。

生活在地下的“尖鼻子”——紫蛙

大多数无尾目动物的口鼻部前端都呈相对圆钝的形状，紫蛙却长了个尖尖的“小鼻子”。

紫蛙是无尾目塞舌蛙科的物种，以蚂蚁、白蚁等昆虫为主食，中文正名叫“西高止山鼻蛙”，因最早发现于印度高止山脉西部而得名，在非洲的塞舌尔群岛也有分布。俗名“紫蛙”则来自它们浑身乌紫色的皮肤，向前突出的尖细口鼻让其在蛙家族里与众不同。

紫蛙直到2003年才被生物学家发现，这与它们的生活习性有关。成年后的紫蛙除产卵期外，其余时间全部生活在地下，雄蛙甚至在求偶时也不会钻出地面，只利用发达的声囊将穿透力极强的蛙鸣传到地面，吸引异性走进自己的家。

酷似苔藓的越南苔藓蛙

在危机四伏的大自然中生活，如果没有足够大的块头，伪装无疑是个很好的避免天敌攻击的办法。利用自身优势融入周围的环境是伪装的方式之一，越南苔藓蛙就深谙此道。

越南苔藓蛙来自树蛙家族，属于树蛙科中的棱皮树蛙属，也叫“北部湾棱皮树蛙”或“广西棱皮树蛙”。除模式标本（最早被研究的个体）的发现地越南外，在我国广西和海南也有分布。

越南苔藓蛙因长得像苔藓而得名。栖身在热带雨林里的它们，喜欢利用肢体末端的吸盘把自己吸附在苔藓上休息，这样的生活习惯再加上皮肤上酷似苔藓的斑点和疣粒状突起，使得它们在静止不动时看起来和真的苔藓几乎没有任何区别。

蟾蜍中的“颜值担当”——泽氏斑蟾

青蛙有东北粗皮蛙这个皮肤粗糙的近亲，蟾蜍家族里也有泽氏斑蟾这样的“颜值担当”。

泽氏斑蟾是无尾目蟾蜍科的物种，仅分布于中美洲的巴拿马，成年皮肤呈金黄色，腿部和背部分布着不规则的黑斑，雄蛙体长为 3.5 ~ 4.8 厘米，较大的雌蛙能长到 6.3 厘米。当地人认为泽氏斑蟾死后会变成金子，因此管它们叫“巴拿马金蛙”。

从外表看，泽氏斑蟾拥有类似青蛙的光滑皮肤，但在无尾目内部的亲缘关系上，它们却和癞蛤蟆同属一科，这是肩带结构决定的。以青蛙为代表的蛙家族成员，前肢普遍不够灵活，这是因为和前肢相连的两块乌喙骨已经在胸部正中愈合到了一起，就像连在一起的一块木板，称“固胸型肩带”；蟾类的两块乌喙骨则只是在胸口处相互挨着，并没有合在一起，称“弧胸型肩带”。泽氏斑蟾拥有灵活的前肢，属于弧胸型肩带结构。

长得像粪便的

白斑棱皮树蛙

不同物种会根据自身特点伪装成不同的形象，白斑棱皮树蛙的模仿对象则别具一格，它们看上去像是鸟粪。

白斑棱皮树蛙来自无尾目树蛙科棱皮树蛙属，在我国分布于海南、云南、广西三省的部分地区，国外则栖息于越南、缅甸、泰国、老挝等东南亚国家。它们身上的斑纹颜色除用来命名的白色外还有泥褐色。

白斑棱皮树蛙体长约3.3厘米，是一种小型蛙类，这样的体形显然很难凭力量自

bǎo tā men de hù shēn fú shì shēn shàng de sè cǎi bái sè huó ní
保，它们的护身符是身上的色彩。白色和泥
hè sè bān wén hùn dā ràng bái bān léng pí shù wā kàn shàng qù jiù xiàng
褐色斑纹混搭，让白斑棱皮树蛙看上去就像
yì tuó niǎo fèn néng zài dà duō shí hou piàn guò bǔ shí zhě tā men yě
一坨鸟粪，能在大多时候骗过捕食者，它们也
yóu cǐ dé dào le niǎo shǐ wā zhè ge sú chēng
由此得到了“鸟屎蛙”这个俗称。

xiǎo shí hou zhù zài zhū lǒng cǎo lǐ de zhū lǒng cǎo jī wā

小时候住在猪笼草里的猪笼草姬蛙

zì rán jiè yǒu yì zhǒng guān xì jiào gòng shēng yòu nián shí de
自然界有一种关系叫“共生”，幼年时的
zhū lǒng cǎo jī wā jiù hé shēng huó qū yù nèi de píng guǒ zhū lǒng cǎo xíng chéng
猪笼草姬蛙就和生活区域内的苹果猪笼草形成
le gòng shēng guān xì
了共生关系。

zhū lǒng cǎo jī wā shì wú wěi mù jī wā kē de wù zhǒng tǐ cháng wéi
猪笼草姬蛙是无尾目姬蛙科的物种，体长为

1～3厘米，栖息于印尼婆罗洲（加里曼丹岛）的热带雨林中，因蝌蚪时期在苹果猪笼草里安家而得名。

猪笼草是一类长得像瓶子的食虫植物的统称，但苹果猪笼草却几乎完全放弃了“杀生”，它们敞开盖子接收雨水，利用雨水把掉在里面的树叶或其他动物的排泄物泡得腐烂发酵，吸收其中的营养。

面对这种改吃素的猪笼草，繁殖期的猪笼草姬蛙会把卵产在它们装满雨水的捕虫囊里，让后代有居住的地方。作为回馈，猪笼草姬蛙的蝌蚪会把自己的排泄物给苹果猪笼草作为食物。

能改变蝌蚪期长短的小棘蛙

有些蛙类能根据外部条件改变蝌蚪期的长短，小棘蛙就是如此。

小棘蛙在分类上属于无尾目叉舌蛙科棘胸蛙属，是我国特有物种，两广（广西和广东）、浙江、安徽、福建、江西、湖南等南方省份的部分地区都有分布，体长为 4.4 ~ 6.7 厘米，是所在属中最小的成员，以昆虫和蜘蛛等节肢动物为主食。每年六七月的繁殖期，雄蛙的胸部及两条前肢内侧的 3 个指头上都会长出临时性的棘刺，以便于控制住雌蛙进行抱对（无尾目动物促进排卵的方式）。

雌性小棘蛙每次产卵的数量在 54 ~ 107

lì zhè xiē luǎn dà yuē yì zhōu jiù néng fū huà rú guǒ shí wù
粒，这些卵大约一周就能孵化。如果食物

chōng zú pò luǎn ér chū de xiǎo kē dǒu dào qiū tiān jiù kě yǐ fā
充足，破卵而出的小蝌蚪到秋天就可以发

yù chéng yòu wā rú guǒ suǒ zài qū yù shí wù jiào shǎo tā men
育成幼蛙；如果所在区域食物较少，它们

de chéng zhǎng jiù huì biàn de huǎn màn yào dào lái nián cái néng biàn
的成长就会变得缓慢，要到来年才能变

chéng yòu wā
成幼蛙。

能发出超声波的凹耳臭蛙

为了在危机四伏的大自然中更好地生存，鲸、海豚及部分种类的蝙蝠练就了利用超声波进行回声定位的能力（主要用于同伴交流、寻找猎物、躲避天敌），蛙家族里同样有如此“神奇”的成员，我国的凹耳臭

蛙就是其一。

凹耳臭蛙是无尾目蛙科臭蛙属的物种，为我国特有，浙江安吉和建德、江苏宜兴、安徽黄山等地是它们的分布区域。凹耳臭蛙喜欢在山间溪流周围活动。因耳部鼓膜凹陷而得名。

凹耳臭蛙的超声听觉能力为雄蛙独有。研究发现，雄性凹耳臭蛙能发出20千赫以上的超声波，但雌蛙对此并无反应。

有意思的是，虽然雌性凹耳臭蛙听不到超声波信号，但在正常声波范围内的听力却明显好于雄性，可以直接用耳朵感知周边的环境。

不会高声叫的高山倭蛙

“稻花香里说丰年，听取蛙声一片”是我们耳熟能详的宋词名句，却并不适用于所有蛙类，比如高山倭蛙。

高山倭蛙是无尾目蛙科倭蛙属的物种，在国外分布于巴基斯坦和尼泊尔境内，在我国则广泛栖息于西藏，高原地区的湖泊、水塘、沼泽、溪流，以及平缓的河流附近是它们的活动区域。高山倭蛙是世界上唯一能在海拔4500米以上地区栖息的蛙。

每年的5～7月是高山倭蛙的繁殖季节，雄蛙会通过叫声吸引雌蛙的注意。但和青

wā de dà sǎng mén bù tóng xióng xìng gāo shān wō wā yīn wèi méi yǒu
蛙的大嗓门不同，雄性高山倭蛙因为没有
shēng náng zhǐ néng dān chún kào shēng dài fā chū wēi ruò de shēng yīn
声囊，只能单纯靠声带发出微弱的声音，
zhè diǎn dào hé zhōng huá chán chú hěn xiàng
这点倒和中华蟾蜍很像。

能反射光的圆点树蛙

圆点树蛙也叫圆点纹树蛙，是生活在南美洲亚马孙盆地的小型蛙类，成年后体长约3厘米，因身体上长满红、白、黄三种颜色的小圆点而得名。

圆点树蛙本身没有色素细胞，但皮肤却是绿色的，并兼有蓝、红等色彩，这是其体内的荧光分子反射阳光的结果，这些荧光分子来自胆绿素。胆绿素是胆红素（由血红蛋白代谢产生）再次代谢后产生的有毒色素。圆点树蛙体内的胆绿素含量比其他蛙类高大约200倍，它们将这些毒素与体内的糖蛋白质结合，形成一种名为“胆绿素结合丝氨酸酶抑制剂”（英文简

称BBS）的化合物。利用这种化合物，圆点树蛙消除了胆绿素的毒性，保留了色素。

除了消除毒性，BBS还能吸收除蓝、绿、红外其他颜色的光。因此，当阳光射入圆点树蛙身体时，就只有蓝、绿、红这三种颜色的光被反射出去。

自带毒素的科罗澳拟蟾

有毒动物按照体内毒素的来源可分成两类：一类是从食物中获取毒素，另一类则是自身就带毒，科罗澳拟蟾就属于后者。

科罗澳拟蟾是无尾目龟蟾科澳拟蟾属的物种，体长约3厘米，只分布于澳大利亚新南威尔士州和维多利亚州南部的高海拔地区，草地、林地、沼泽是其主要活动区域。科罗澳拟蟾身体背面（头顶和后背所在的一面）以及四肢和肋部呈黄色或黄绿色，腹部为黑白或黑黄色，总体看上去很像当地人参加宴会时的妆容，因此俗称“澳洲夜宴蛙”。

科罗澳拟蟾是第一种被发现可以自行产生毒性生物碱的脊椎动物。当科罗澳拟蟾遇到危险时，毒性生物碱就会以液体的形式从皮肤的腺体流出，起到保护作用。如果它们是在遭遇天敌攻击后逃脱，毒液还能消除细菌，避免伤口感染。

小时候嘴上“长花瓣”的尖吻角蟾

要想成为“伪装大师”，那就得最大程度上和周围的环境融为一体，来看看尖吻角蟾是怎样做的。

尖吻角蟾是无尾目角蟾科角蟾属的成员之一，除据以命名的吻部外，两眼前端也呈尖角状。尖吻角蟾成年后体长在7～13.5厘米，雌蛙稍大，栖息在东南亚部分地区的热带雨林的枯叶丛中。尖吻角蟾不同个体的体色因所栖息环境的枯叶颜色不同而不同，大体上有黑、黄、赤红、土灰、茶色等。

蝌蚪时期的尖吻角蟾样子也古怪，嘴巴上有个十字形的花瓣状突起，这不仅能使它们在每次进食时吃进更多食物（增大了嘴的开合度），遇到急流还可以当吸盘吸附在岩石上，避免被水流冲走。

méi ké de wū guī gǔ shì guī chán

“没壳的乌龟”——古氏龟蟾

hěn duō dòng wù de míng zi zhōng dōu yǒu qí tā wù zhǒng de yuán sù bǐ rú gǔ shì guī chán

很多动物的名字中都有其他物种的元素，比如古氏龟蟾。

gǔ shì guī chán shì wú wěi mù guī chán kē guī chán shǔ de wéi yī wù

古氏龟蟾是无尾目龟蟾科龟蟾属的唯一物

种，栖息于澳大利亚西部的部分地区，主要吃白蚁，体长约5厘米，背部呈深棕色或粉红色，灰白的肚子上有棕色斑点。短小的四肢以及圆圆的身体，让它们看上去很像没壳的乌龟，故而得名。

古氏龟蟾不仅长得像乌龟，就连生活方式也同乌龟有几分相似，挖掘洞穴时喜欢用短小的前肢向前刨土（大部分蛙都朝后）。

和前面提到过的散疣短头蛙一样，身为陆栖蛙类的古氏龟蟾也不善游泳，因此它们选择了和前者一样的生长模式——待胚胎在卵中长成幼蛙后再破壳而出。

有毒的“西红柿”——番茄蛙

我们平日里所吃的西红柿，在17世纪之前一直因被怀疑有毒而称为“狼桃”。西红柿有毒是假的，但长得像西红柿的蛙却真的带毒，这就是番茄蛙。

番茄蛙泛指无尾目狭口蛙科暴蛙属物种。暴蛙属内共有三种蛙，全部栖息在马达加斯加岛的热带雨林中，除模式种岛暴蛙相对较小（体长4～5厘米）外，其余两种都能长到10厘米左右。虽然体形略有不同，但它们全都像西红柿一样，皮肤呈红色或橘红色，因此被形象地称为“番茄蛙”。

当遭遇攻击时，番茄蛙首先会快速吸进空气，让自己变得膨胀起来，通过增大块头来恫吓捕食者。如果遇到“头铁”的天敌，番茄蛙就会在被咬住的一瞬间从皮肤腺体中分泌一种有毒的白色黏液，让对方的嘴巴像被火烧了一样疼，不得不松口，它们就可以趁机逃命了。

分泌“牛奶”的牛奶蛙

番茄蛙因体色而得名，牛奶蛙的名字则来自它们的毒液。

牛奶蛙是一种生活在南美洲亚马孙热带雨林里的大型树蛙，成年后体长可达10厘米，体色主要为黑白或棕白两种。牛奶蛙白天在树洞或树干上休息，夜间出来捕食，它们胃口很好，以蟋蟀、蟑螂、面包虫等昆虫为主食。雌蛙一次能产下约2000粒卵，一两天后小蝌蚪就会现身。

牛奶蛙的皮肤上有很多疙疙瘩瘩的白色突起，这是它们的毒腺所在。当遭到攻击时，牛奶蛙就会从毒腺中释放出一种酷似牛奶的乳白色液体，虽然不致命，但却能让大部分捕猎者的皮肤非常难受，不得已放弃攻击。

花哨的马达加斯加彩蛙

有些动物会选择在悬崖绝壁上生活，马达加斯加彩蛙就是如此。

马达加斯加彩蛙是无尾目姬蛙科梨足蛙属

的物种之一，从名字不难猜出它们分布于马达加斯加岛，也是该岛的特有蛙类。马达加斯加彩蛙体长3厘米左右，以土壤中的中小型昆虫为食，善于在陡峭的岩石上爬行，甚至能在垂直的崖壁上活动。

马达加斯加彩蛙不同部位的皮肤呈现不同的颜色，整体上看就像一幅彩绘作品。如此花哨的颜色可不是为了好看，而是准备在关键时刻保命用的。和很多蛙亲戚一样，马达加斯加彩蛙遇到危险也会膨胀身体，再加上艳丽色彩带来的警示效果，足以在大多时候唬住捕食者。

靠黏液把孩子固定在背上的

尖喙扩角蛙

尖喙扩角蛙喜欢背孩子，它们所用的是黏液。

尖喙扩角蛙在分类上属于无尾目扩角蛙科扩角蛙属，较窄的吻部以及头顶上向两侧扩出的尖角状结构是得名的原因。尖喙扩角蛙广泛分布于亚马孙河上游流域以及安第斯山脉的低纬度区域，它们体长为4.3～6.6厘米，雌性更大；在夜间捕猎，以其他蛙类、小蜥蜴或节肢动物为食。

在繁殖期，雌性尖喙扩角蛙的背部会分泌一种黏液，用来粘住自己产的卵。蝌蚪会在卵内生长成幼蛙后再出来。

除了粘住卵，尖喙扩角蛙还拥有变色的本事：白天除腹部微红外，其余部位呈棕褐色；晚上腹部为奶油灰色，其他地方则变成淡黄色。

后背能“开裂”的碟背蛙

尖喙扩角蛙是用黏液把孩子粘在自己背上，碟背蛙的背上则能长出临时性的“育儿袋”。

碟背蛙是无尾目碟背蛙科碟背蛙属的物种，栖息于中美洲的热带雨林中，因体形小也叫“侏儒袋蛙”。

在繁殖期，雌性碟背蛙背部正中的皮肤褶皱会隆起，并开裂成由两片皮唇构成的纵向大豁口（因为开口很大，看上去很像个碟子，所以中文正名为“碟背蛙”）。豁口的作用有点类似于母袋鼠的育儿袋，当蛙卵在雄性碟背蛙的帮助下进入其中后，雌性碟背蛙就会紧缩皮唇，把“口袋”扎上，未出生的碟背蛙宝宝也就被保护起来了。

蛙中海马——沃伦宾袋蛙

碟背蛙的后背长有“育儿袋”，沃伦宾袋蛙则“穿”了一件两侧带兜的“衣服”，而且这件“衣服”还是雄蛙专有。

沃伦宾袋蛙只分布于澳大利亚新南威尔士州的沃伦宾山区，是冈瓦纳雨林中的生物，体长约1.6厘米。

沃伦宾袋蛙是世界上四种由雄性“生孩子”的蛙之一，它们的繁殖方式跟海马很像，只不过雄蛙的育儿袋不长在肚子上，而是身体两侧各有一个。这两个口袋是沃伦宾袋蛙蝌蚪时期的家，它们会在孵化后

的2～3个月在这里居住，直到发育成幼蛙才会离开。

会装死的落叶蛙

通常来说，大多数捕食动物不到万不得已是不会吃死物的，一些弱小的动物根据天敌的这一习性练就了装死的本领，这其中就包括落叶蛙。

落叶蛙主要栖息于巴西南部热带雨林里，

因体色和树叶相似，并且喜欢栖息在落叶上而得名。

在生存策略上，落叶蛙奉行“小心驶得万年船”，虽然形象已经和环境非常相似，但是它们在必要时刻依然会启用“装死”这个保命绝技——当发现自己来不及逃脱时，落叶蛙就会立即做出闭紧双眼、肚皮朝上、四肢向后伸直等一系列动作，并最大限度减弱自己的呼吸，让天敌误以为自己已经死了。这种现象在生物学上被称为“假死状态”。落叶蛙假死的时间可以超过2分钟，在大多数情况下足以耗到捕食者失去耐心离开。

叫声像虫鸣的密疣掌突蟾

前面提到的阿马乌童蛙能发出虫鸣一样的叫声，我国的密疣掌突蟾也可以做到。

密疣掌突蟾在分类上属于无尾目角蟾科掌突蟾属，是近几年才发现的新物种，目前已知的栖息地仅为我国广东省连山笔架山省级自然保护区。密疣掌突蟾（雄性）体长在 2.32 ~ 2.59 厘米，粗糙的后背上长有大量锥形疣粒，下巴和胸腹部的底色为乳白色，上面点缀着灰白和深棕色斑点。

密疣掌突蟾主要在晚上进行捕猎，白天则借助体色躲藏在落叶堆里休息。它们对于居所地点的选择非常挑剔，首先必须得是没有被人为破坏过的原始山林，其次还得在没有被污染的溪流附近。

能“上天入地”的红犁足蛙

蛙能“上天入地”，听起来有些夸张，但事实还真是如此，生活在马达加斯加的红犁足蛙就有这个本事。

红犁足蛙是无尾目姬蛙科犁足蛙属的物种，体长2～4厘米，因背部的红色皮肤而得名，又因体表由多种色彩构成，看上去像一幅艳丽的画而又被称为“毕加索蛙”。红犁足蛙前肢末端的爪子尖锐而有力，可以轻松在垂直的岩壁或树干上攀爬，以此躲避来自地面的捕食者。

如果面对的是来自高空的天敌，红犁足蛙就要进“防空洞”躲避了。在此之前，它

men huì xiān yòng jiǎo dǐ shàng zhǎng yǒu jiǎo zhuàng xiǎo jié jié de hòu zú
们会先用脚底上长有角状小结节的后足

bō kāi dì miàn de tǔ céng bǎ dòng xué wā hǎo yīn cǐ hóng
拨开地面的土层，把洞穴挖好。因此，红

zú lí wā hái yǒu lìng yí gè bié míng gē shì bō tǔ wā
足犁蛙还有另一个别名“戈氏拨土蛙”。

“天然水库”——储水蛙

有着“沙漠之舟”美誉的骆驼可以在体内（不是驼峰）储藏大量的水，以应对严重缺水的环境，储水蛙同样有这样的本领。

储水蛙也叫“扁头圆蛙”，属于雨蛙科的圆蛙属，栖息于澳大利亚中部的沙漠地带，一年中至少有一半的时间躲在沙子下面的洞穴中。

储水蛙拥有宽大扁平的头部和厚实浑圆的身躯，体长在4～8厘米，以昆虫为食。

为应对每年4月到10月的干旱期，储水蛙会在当年11月到第二年3月间疯狂补水。除利用具有超强膨胀能力的膀胱存水外，储水蛙还深谙“变废为宝”的道理，它们会把水储藏到由自己蜕掉的皮肤形成的名为“皮肤袋”的硬茧中。等到干旱期到来，它们就钻进皮肤袋中慢慢饮用，以此来补充水分。有研究显示，如果保持休眠状态，储水蛙储存在膀胱和皮肤袋内的水足够它们用5年。

“脑袋就是门”的铲头树蛙

为躲避天敌，大部分蛙类会躲在洞穴里休息。铲头树蛙还利用自身优势给洞口安了个“门”。

铲头树蛙体长约7.5厘米，栖息于墨西哥西部的广袤地区，能适应草原、田野、荒漠、半荒漠、湖泊、池塘等多种自然和人工环境。其名字来源于像铲子一样扁平的头部；每年夏季为繁殖期。

相比于外形，铲头树蛙头部的结构特征更显奇特。和大多数脊椎动物头部的皮肤与头骨分开不同，它们的头皮已经和头盖骨

zhǎng zài le yì qǐ yǒu diǎnr lèi sì guī ké fēi cháng jiān
长在了一起（有点儿类似龟壳），非常坚

yìng zài xiū xi de shí hou chǎn tóu shù wā jiù yòng tóu dǔ zhù dòng
硬。在休息的时候，铲头树蛙就用头堵住洞

kǒu fáng zhǐ tiān dí tōu xí zì jǐ
口，防止天敌偷袭自己。

zháo huǒ de dōng fāng líng chán
“着火”的东方铃蟾

hóu zi yīn tún bù de hóng sè pí fū ér bèi xì chēng wéi pì
猴子因臀部的红色皮肤而被戏称为“屁
gu zháo huǒ le wú dú yǒu ǒu dōng fāng líng chán de pí fū tóng
股着火了”，无独有偶，东方铃蟾的皮肤同
yàng yǒu dà piàn qū yù chéng huǒ hóng sè
样有大片区域呈火红色。

dōng fāng líng chán shì wú wěi mù líng chán kē líng chán shǔ de wù
东方铃蟾是无尾目铃蟾科铃蟾属的物
zhǒng zài wǒ guó de dōng běi dì qū nèi měng gǔ běi jīng
种，在我国的东北地区、内蒙古、北京、
shān dōng jiāng sū děng dì dōu yǒu fēn bù guó wài zé kě yǐ zài cháo
山东、江苏等地都有分布，国外则可以在朝
xiǎn rì běn é luó sī yuǎn dōng dì qū xún dào zōng jì dōng fāng
鲜、日本、俄罗斯远东地区寻到踪迹。东方
líng chán tǐ cháng lí mǐ qī xī yú hǎi bá mǐ yǐ
铃蟾体长3.8～4.5厘米，栖息于海拔900米以
xià de shān qū xǐ huan zài shān jiān xiǎo xī tī tián zhǎo zé děng
下的山区，喜欢在山间小溪、梯田、沼泽等
jìng shuǐ qū yù yǐ jí shuǐ táng biān de cǎo cóng lǐ huó dòng yǐ yǐ
静水区域，以及水塘边的草丛里活动，以蚁
lèi é dié lèi jiǎ chóng lèi děng kūn chóng qiū yǐn hé qí tā xiǎo
类、蛾蝶类、甲虫类等昆虫，蚯蚓和其他小
xíng dòng wù wéi shí
型动物为食。

东方铃蟾也叫火腹铃蟾，这个“腹”字不仅指肚子，还包括其身体的整个腹面（从下巴到身体最下方）的橘红色皮肤（少数为橘黄色）。大片的橘红色还是东方铃蟾的警示色，当预感到危险时，它们会闭上眼睛，露出这一颜色艳丽的区域恫吓对方。

年幼时“不出屋”的绿雨滨蛙

刚出生的小蝌蚪非常容易遭到捕杀，怎么提高后代的成活率呢？绿雨滨蛙“想”到了通过筑巢进行物理隔离的办法。

绿雨滨蛙是无尾目雨蛙科雨滨蛙属的物种，野生种群原产于澳大利亚、印度尼西亚、巴布亚新几内亚等地。由于非常不好动，它们又有“老爷树蛙”的别称。

别看绿雨滨蛙平时懒惰，在给后代“盖房”这件事上却非常勤快。绿雨滨蛙的巢由于底部浸泡于水中（顶部挂在树上）称为“水巢”。为防止各种水下捕食动物的攻击，繁殖期的雌蛙会用淤泥把巢底封住，仅留下极小的缝隙。蝌蚪出生后就生活在巢穴里，靠吃顺着水流进来的浮游生物为生，直到长成幼蛙后才会走出“房间”。

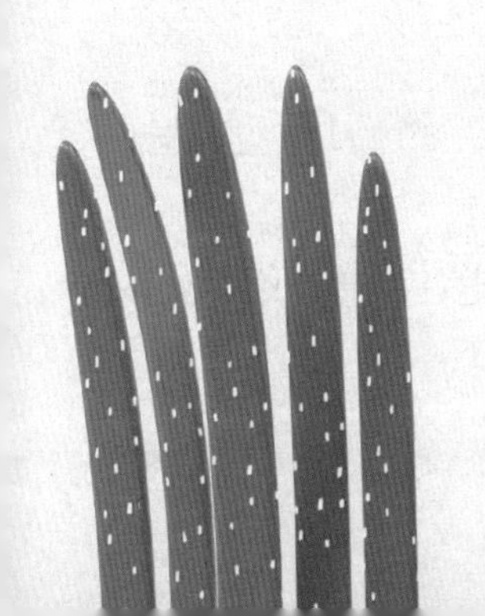

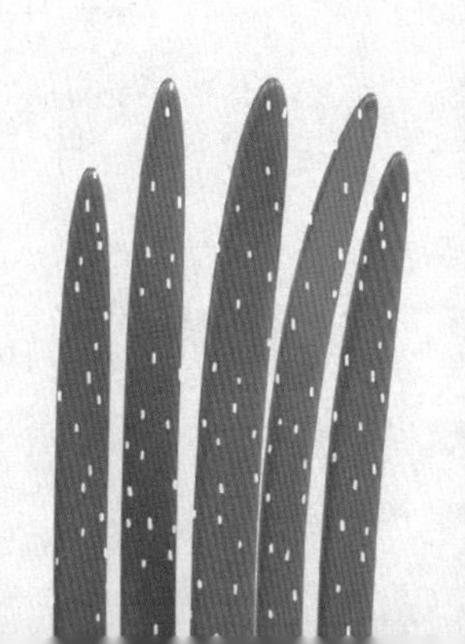

卵上长牙齿的长吻锯腿蛙

为了防止卵被水流冲走，一些蛙的卵上生长出了类似牙齿的凸起，被称为“卵齿”，比如长吻锯腿蛙。

长吻锯腿蛙是无尾目卵齿蟾科卵齿蟾属的物种，是一种体长2.5～3厘米的小型蛙类，其名字中的“长吻”和“锯腿”分别指代其较长的吻部和腿部皮肤上锯齿一样的纹路。长吻锯腿蛙分布于哥斯达黎加、巴拿马、尼加拉瓜、厄瓜多尔、哥伦比亚等中美洲国家的热带雨林中，通常在树木、灌丛、溪流中活动，以体形较小的昆虫和无脊椎动物为食。

在繁殖期，雌性长吻锯腿蛙会把卵产在树洞内。生长在表面的卵齿可以有效地把卵固定在树洞的内壁上，从而降低卵在诸如刮风等外界因素影响下滑落出去的风险，提高孵化的成功率。

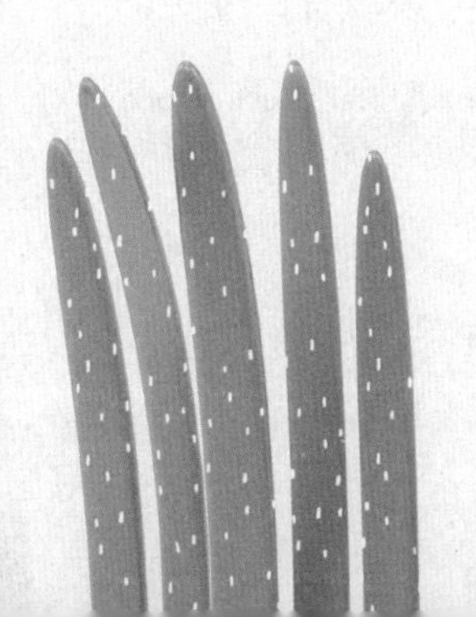

蛙中黄鼠狼——臭蛙

让自己变臭是不少动物用来自保的方式，我们最熟悉的例子就是黄鼠狼了。蛙类中的臭蛙家族也掌握了这项化学防御技能。

臭蛙泛指无尾目蛙科臭蛙属的蛙类，分布于东亚、南亚、东南亚地区，目前已发现60多种，其中有40多余种栖息于我国。不同种类的臭蛙体形大小不等，雄蛙一般3.2～8.8厘米，雌蛙则5.2～12.3厘米。

虽然在蛙家族里已经算得上大个子，但臭蛙依旧无法凭借体形对抗捕食动物，唯一的办法是靠臭气帮忙。当遭到

gōng jī shí, tā men pí fū shàng de xiàn tǐ huì fēn mì yì zhǒng
攻击时，它们皮肤上的腺体会分泌一种

qí chòu wú bǐ de nián yè, rán hòu chèn duì fāng bú shì zhī jì
奇臭无比的黏液，然后趁对方不适之际

táo zhī yāo yāo
逃之夭夭。

拥有发达的胸肌的烟蛙

无论人还是动物，拥有发达的胸肌都会带来诸多好处，烟蛙就把这种好处发挥到了极致。

烟蛙栖息于中美洲巴拿马的森林中，平

rì lǐ shēn zhuó hé pǔ tōng qīng wā lèi sì de lǜ sè wài yī
日里身着和普通青蛙类似的“绿色外衣”，
bì yào shí huì gēn jù huán jìng biàn chéng huáng hè sè huò shēn hè sè yòng
必要时会根据环境变成黄褐色或深褐色；用
xiōng jī bǔ liè shì tā men de ná shǒu jué huór
胸肌捕猎是它们的拿手绝活儿。

duì yú dà duō shù wā lái shuō shé shì tiān dí dàn duì yú yān
对于大多数蛙来说，蛇是天敌；但对于烟
wā shé què shì bù zhé bú kòu de měi wèi gǎn zhè yàng zuò yān
蛙，蛇却是不折不扣的美味。敢这样做，烟
wā píng jiè de shì fù zhuó zài zuǒ yòu xiōng gǔ shàng de liǎng kuài rǔ tū
蛙凭借的是附着在左右胸骨上的两块乳突
zhuàng jī ròu zài bǔ liè shí tā men huì shǒu xiān yòng qián zhǎo bǎ shé
状肌肉。在捕猎时，它们会首先用前爪把蛇
lā jìn zì jǐ de shēn tǐ rán hòu yòng xiōng bù de liǎng kuài jī ròu láo
拉近自己的身体，然后用胸部的两块肌肉牢
láo jiā zhù duì fāng de tóu bù zhí dào duì fāng tíng zhǐ zhēng zhá yīn
牢夹住对方的头部，直到对方停止挣扎。因
wèi yōng yǒu kě yǐ dàng qián zi yòng de fā dá xiōng jī tǐ zhòng bú dào
为拥有可以当钳子用的发达胸肌，体重不到
kè de yān wā shèn zhì néng bǔ shí mǐ cháng de shé
50克的烟蛙甚至能捕食1米长的蛇。

“戴黑框眼镜”的黑眶蟾蜍

自然界有很多动物看上去都戴着眼镜，貌不惊人的蟾蜍家族也有这样耍酷的，这就是黑眶蟾蜍。

黑眶蟾蜍是最典型的蟾蜍，在分类上属于无尾目蟾蜍科头棱蟾属，成年雄蟾体长约6.3厘米，雌蟾约9.6厘米，东亚、南亚、东南亚都有分布，我国主要集中在华北地区。黑眶蟾蜍适应能力很强，阔叶林、河边附近的草丛及农田等环境都是它们的栖身之所；从眼睛周围环绕而下的两条黑色骨质脊棱最终在吻部相交，看上去像戴了副黑框眼镜，故而得名。

当遭遇天敌时，黑眶蟾蜍会和蟾蜍科的亲戚一样用毒自卫，位于眼睛后方形状像香肠的耳后腺以及全身皮肤上的疣粒状突起都是它们放毒的渠道，其毒性足以让大部分蛇类放弃捕食的念头。

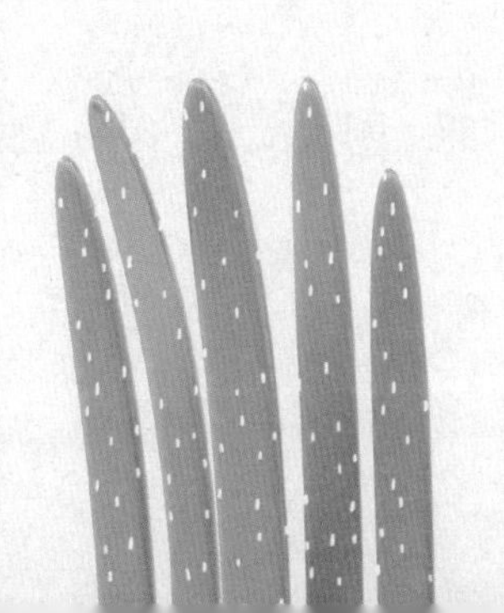

长了黑眼圈的狐猴叶蛙

如果说黑眶蟾蜍像戴了副眼镜，那狐猴叶蛙就是长了两个黑眼圈。

狐猴叶蛙是无尾目雨蛙科红眼蛙属的物种，分布于哥斯达黎加、巴拿马、哥伦比亚等中南美洲国家，平均体长约4厘米。它们能根据环境变色：白天趴在树叶上休息时，淡绿色的身体有助于隐藏；夜晚活动时肤色变成鲜艳的红棕色，可以起到警示天敌的作用。

狐猴叶蛙拥有类似狐猴的黑眼圈，最早曾被分在叶泡蛙属。近年来的分子生物学

yán jiū zé rèn wéi tā men hé hóng yǎn shù wā qīn yuán guān xì jiào jìn
研究则认为它们和红眼树蛙亲缘关系较近，

cóng ér jiāng qí fēn lèi gǎi wéi hóng yǎn wā shǔ yīn cǐ yě kě yǐ jiào
从而将其分类改为红眼蛙属，因此也可以叫

hú hóu hóng yǎn wā
狐猴红眼蛙。

gǔn yá bǎo mìng de luǎn shí chán chú
滚崖保命的卵石蟾蜍

qiú xíng wù tǐ gǔn dòng de sù dù kuài yì xiē dòng wù zài miàn duì tiān
球形物体滚动的速度快，一些动物在面对天
dí shí jiù huì bǎ zì jǐ biàn chéng yí gè qiú hòu táo pǎo luǎn shí chán
敌时就会把自己变成一个“球”后逃跑，卵石蟾
chú jiù shì zhè me zuò de
蜍就是这么做的。

luǎn shí chán chú yě jiào é luǎn shí chán chú shì wú wěi mù chán chú kē
卵石蟾蜍也叫鹅卵石蟾蜍，是无尾目蟾蜍科
luǎn shí chán chú shǔ de wù zhǒng tǐ cháng yuē lí mǐ jǐn fēn bù yú
卵石蟾蜍属的物种，体长约2.5厘米，仅分布于

南美洲巴西、委内瑞拉、圭亚那三国交界的砂岩高原地带。

和蟾蜍家族的亲戚一样，卵石蟾蜍也不具备快速奔跑的能力，这让它们成了狼蛛、蛇、蝎子等捕食动物垂涎的美味。面对危机，卵石蟾蜍会做“全身运动”——绷紧肌肉，收缩四肢和头部，把自己尽可能变成一个球形，然后从山崖上滚落下去。你完全不用担心它们会因滚落山崖而受伤，在危机解除后，它们会安然无恙地出现。

不用嗓子发声的哈氏滑蹠蟾

大部分蛙、蟾蜍都像哺乳动物一样靠声带发声，也有少部分成员类似昆虫那样通过振动身体来发声，哈氏滑蹠蟾就是这方面的代表。

哈氏滑蹠蟾是无尾目滑蹠蟾科滑蹠蟾

属的物种，只分布于新西兰的少部分地区，成年后体长不超过5厘米，栖息于靠近水边的温带林地中。雌蟾每年春季在洞穴中产卵，蝌蚪生下来就有四肢，雄蟾会背着自己的孩子在洞穴中生活，直到它们长成幼蛙。

和其他无尾目亲戚不同，雄性哈氏滑蹠蟾在求偶时并不会扯着嗓子鸣叫，而是靠缩进头部挤压躯干，让肌肉产生振动来发声。

“给保护橡胶树提供方法”的南美牛蛙

牛蛙的名字或许很多人都听说过。生物学上的牛蛙共有3种，分属于不同的科，南美牛蛙就是其中之一（另外两种是北美牛蛙和非洲牛蛙）。

南美牛蛙也叫五趾细趾蟾，属于无尾目中数量最多的细趾蟾科，分布地除南美洲外，还包括中美洲的部分地区，热带雨林是它们理想的栖息之地。南美牛蛙雄性体长14～17厘米，雌性更大，可达18厘米；它们在夜晚捕猎，节肢动物、其他蛙类、小型的蛇或啮齿动物都在它们的食谱上。

每年的秋雨时期，是南美牛蛙的繁殖季节。“准妈妈”会首先分泌黏液，然后通过后腿揉搓的方式令其产生泡沫，再把卵产在其中，这样做可以最大限度降低卵被其他动物吃掉或染上病菌的可能。

当地人受到南美牛蛙产卵操作的启发，在被割开的橡胶树破损处涂抹能产生抑菌作用的起泡剂混合水，让其不至于因伤口感染而得病。

携带两种毒的科罗拉多河蟾

在我国的中医体系中，蟾蜍所分泌的毒物“蟾酥”是非常名贵的药材；而在美国，科罗拉多河蟾的毒素同样被用来缓解某些中枢神经系统疾病的症状。

科罗拉多河蟾也叫索诺拉蟾蜍，是无尾目蟾蜍科蟾蜍属的大型物种，体长可达20厘米，分布于美国西南及墨西哥西北部的科罗拉多河流域，以昆虫、蜘蛛、蜥蜴、小型鼠类以及一些蛙类为食。

和其他蟾蜍相比，科罗拉多河蟾的毒素具有种类多、剂量大的特点。它们所分

mì de chán dú sè àn jì liàng zú yǐ ràng chéng nián rén chǎn shēng
泌的“蟾毒色胺”剂量足以让成年人产生
huàn jué ér lìng yì zhǒng míng wéi jiǎ yǎng jī èr jiǎ jī sè
幻觉；而另一种名为“5-甲氧基二甲基色
àn tóng yàng néng qǐ dào cì jī shén jīng ràng rén chǎn shēng huàn jué de
胺”同样能起到刺激神经，让人产生幻觉的
zuò yòng
作用。

黏液比502胶还黏的花狭口蛙

蛙类普遍能分泌黏液，这其中黏液最黏的估计要数花狭口蛙的了。

花狭口蛙是无尾目姬蛙科狭口蛙属的物种，国内栖息于云南、广东、广西、海南、福建、香港、澳门等南方地区，国外则遍布南亚和东南亚，海拔150米以下的地方是它们主要的活动区域。花狭口蛙体长5.5～7.7厘米，以昆虫为主食，尤其爱吃白蚁和蚂蚁，喜欢在树洞或地洞中休息。

每年春夏，是花狭口蛙的繁殖期。雄蛙首先会用如牛叫般的洪亮叫声吸引雌蛙，达到目的后就用腹部分泌的黏液把自己牢牢粘在伴侣的背上进行抱对。有人曾试图把抱对中的雌雄花狭口蛙分开，发现它们的身体就像被502胶粘在一起一样，分都分不开。

wā zhōng bì hǔ tuān wā
蛙中壁虎——湍蛙

dà bù fen wā lèi de kē dǒu dōu zài jìng zhǐ huò liú dòng píng huǎn de shuǐ huán jìng zhōng shēng cún, tuān wā què yì shēng xià lái jiù néng shì yìng jí liú。

大部分蛙类的蝌蚪都在静止或流动平缓的水环境中生存，湍蛙却一生下来就能适应急流。

tuān wā shì wú wěi mù wā kē tuān wā shǔ wù zhǒng de tǒng chēng,

湍蛙是无尾目蛙科湍蛙属物种的统称，

近些年已发现73种，我国南方以及东南亚地区都有分布，其中又数我国种类最多，主要栖息于山区或丘陵的溪流中，也会到瀑布中活动。

湍蛙喜欢伏在湍急水流或瀑布中的岩石上伺机偷袭猎物。能在这些地方稳住身躯，除类似壁虎，四足上长有吸盘外，它们如肉垫儿一般的肚皮也起了不少作用，能直接贴在石头上，增加接触的表面积。

不只是成年蛙，湍蛙的蝌蚪肚子上也有马蹄形状的吸盘，让它们能在逆流中缓慢前行。

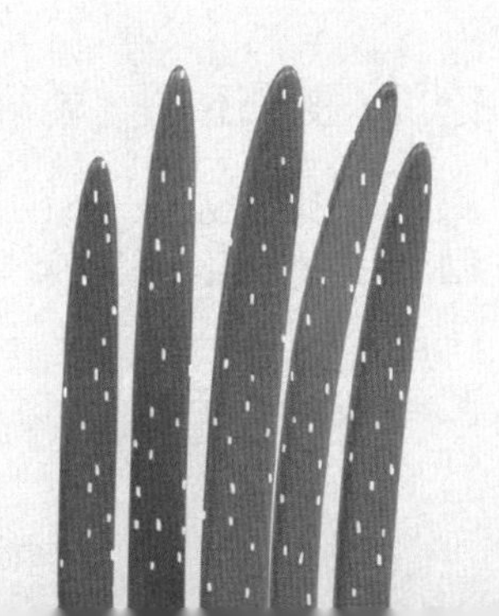
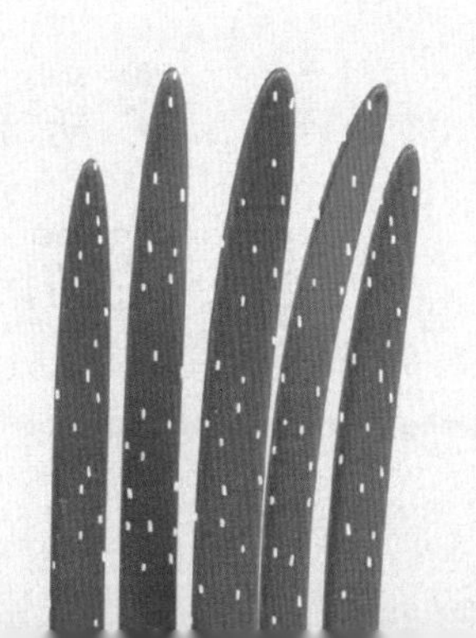

能在水上漂的尖舌浮蛙

有些蛙虽然没有湍蛙那种趴在急流中石头上的本事，却可以漂在静水的水面上，比如尖舌浮蛙。

尖舌浮蛙是无尾目叉舌蛙科浮蛙属的物种，因舌头后端比较尖而得名，我国的云南、江西、广东、广西、福建、海南、香港、澳门等南方地区都有分布，国外则见于中南半岛和印度尼西亚爪哇岛。尖舌浮蛙雄性平均体长2厘米，雌性平均3厘米，低海拔地区的大型水坑、池塘和稻田是其活动场所。

尖舌浮蛙非常喜欢鸣叫，不论白天还是黑夜，它们都会伏在水草上或者借助浮力漂在水

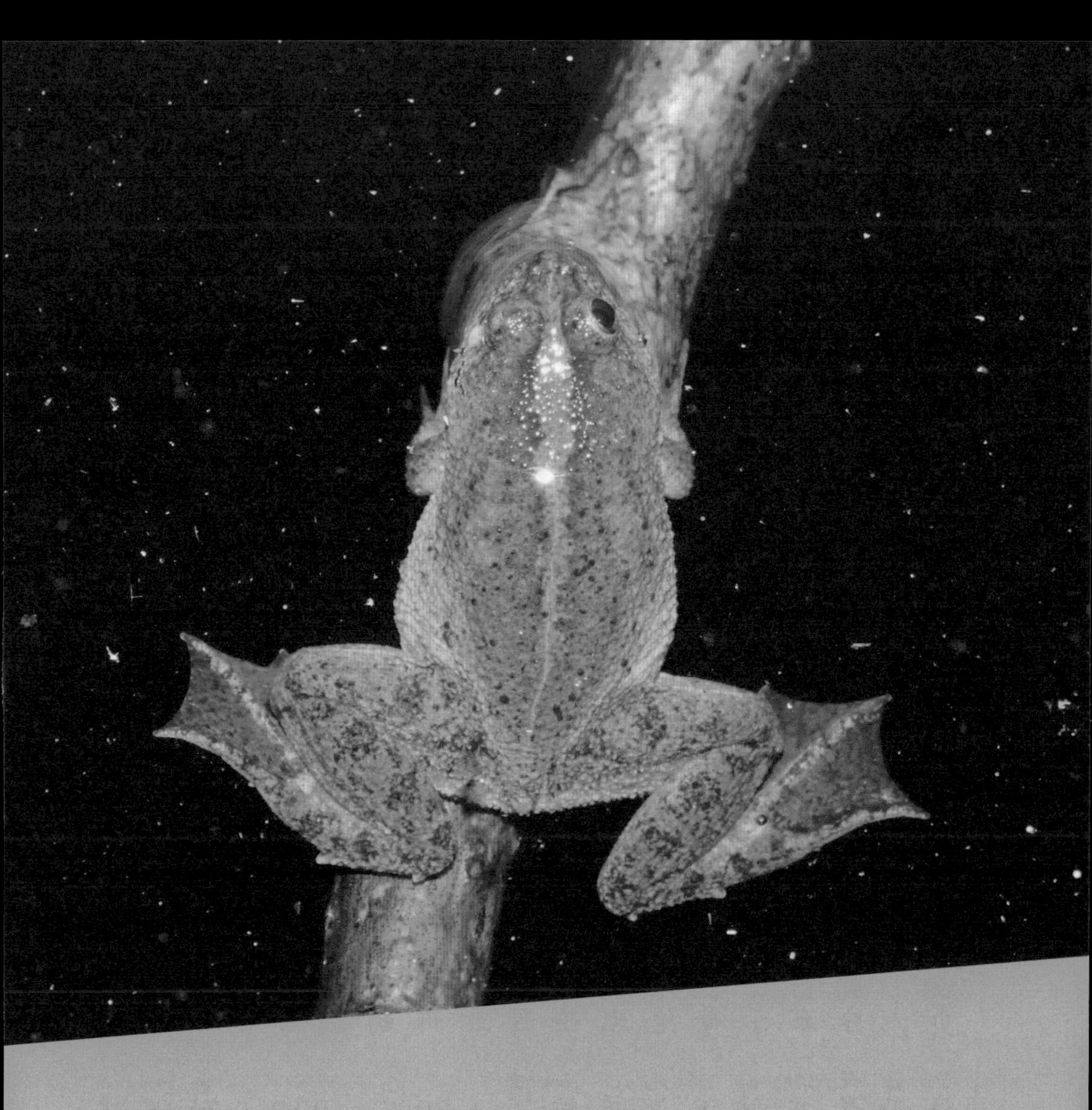

miàn shàng kǒu zhōng fā chū lèi sì yā zi gā gā gā de jiào shēng
面上，口中发出类似鸭子“嘎嘎嘎”的叫声。

yù gǎn dào wēi xiǎn shí jiān shé fú wā hái huì fā huī tā men de qián shuǐ běn
预感到危险时，尖舌浮蛙还会发挥它们的潜水本

lǐng zài shuǐ xià duǒ bì jiào cháng shí jiān
领，在水下躲避较长时间。

箭毒蛙里的毒王——

金色箭毒蛙

箭毒蛙家族的部分成员能通过进食来获取毒素作为保命的武器，这其中的“毒王”要数金色箭毒蛙。

金色箭毒蛙是箭毒蛙科箭毒蛙属的成员，分布于哥伦比亚西北部的热带雨林中，降雨量充沛且湿度较高（80%～90%）的温暖地区（至少26摄氏度）是它们最适宜的生活环境。金色箭毒蛙因一身金黄的体色而得名，也叫黄金箭毒蛙。

金色箭毒蛙体长约3.5厘米，在箭毒蛙家族

lǐ shǔ yú dà gè zi tǐ xíng dà yě jiù yì wèi zhe chī de duō tǐ
里属于大个子，体形大也就意味着吃得多，体

nèi jù jí de dú sù yě jiù gèng duō dú xìng yě jiù gèng qiáng yán jiū
内聚集的毒素也就更多，毒性也就更强。研究

fā xiàn jīn sè jiàn dú wā dú xìng shì dà bù fen jiàn dú wā de bèi
发现，金色箭毒蛙毒性是大部分箭毒蛙的20倍

zuǒ yòu zhǐ xū yào shì fàng yuē háo kè de liàng jiù zú yǐ shā
左右，只需要释放约0.002毫克的量，就足以杀

sǐ yì zhī tǐ zhòng zài qiān kè zuǒ yòu de xiǎo bái shǔ
死一只体重在1千克左右的小白鼠。

“戴头盔”的棘无囊蛙

“顶牛”或者“撞头”，是大多数植食性哺乳动物在和同伴格斗时所采用的方式。两栖动物中也有使用此法进行较量的，这就是棘无囊蛙。

棘无囊蛙是一种生活在美洲的雨蛙，分布于墨西哥、洪都拉斯、哥斯达黎加、巴拿马等中北美国家，因没有声囊而得名；体长为6.8～8厘米，身体背面呈紫灰、蓝灰或灰褐色，腹面和身体两侧则是黑色的。

棘无囊蛙最奇特的地方要算头部了。它们头顶靠后的地方有个盖子一样的鼓包，后面还矗立着一排硬刺状的突起物，总体看上去就像顶头

kuī xióng wā de tóu kuī xiāng duì jiào dà shì zhēng duó lǐng dì huò pèi
盔。雄蛙的“头盔”相对较大，是争夺领地或配

ǒu shí de jué dòu wǔ qì yǒu shí yě yòng lái zì wèi
偶时的决斗武器，有时也用来自卫。

用“歌舞”吸引异性的小岩蛙

大多数蛙类中的雄性都用鸣叫来吸引异性，生活在印度的小岩蛙则更进一步，把“歌曲”和“舞蹈”结合了起来。

小岩蛙是无尾目小岩蛙科小岩蛙属的物种，

广泛分布于印度南部的西高止山脉，喜欢在湍急溪流边的岩石上栖息。

由于只有3厘米左右的体形，小岩蛙力量不足，叫声很容易被湍急的溪水声湮没，无法让雌蛙听到。为了不影响“脱单”，处于繁殖期的雄性小岩蛙会用“尬舞”的方式来一较高下，具体做法是跳上显眼的岩石，对着雌蛙一边叫一边伸出一条后腿不停摆动。为了增加成功的概率，雄蛙还会借着伸腿的机会出其不意地把竞争者踹入水中。

入侵的“小魔王”——温室蟾

最近十余年，在我国的香港、深圳等南方地区，一种原本没有的小型蛙类——温室蟾开始大量出现。

温室蟾是无尾目卵齿蟾科卵齿蟾属的物种，大多数体长为1.5～2厘米，大一些的也不超过2.5厘米。温室蟾喜欢在腐烂落叶较多的地面活动，因适应能力强，容易被饲养而得名。

温室蟾原本栖息在中北美洲及加勒比海地区，大约在十余年前通过国际贸易的交往不经意间传入了我国香港，而后进入深圳。由于所到之处没有天敌，再加上蝌蚪在卵内蜕变成幼

chán hòu cái huì chū ké zuì dà xiàn dù bì miǎn kē dǒu bèi chī diào děng yōu
蟾后才会出壳（最大限度避免蝌蚪被吃掉）等优
shì tā men kāi shǐ xùn sù qiǎng zhàn dì pán wēi xié dāng dì xiǎo xíng wā lèi
势，它们开始迅速抢占地盘，威胁当地小型蛙类
de shēng cún chéng wéi pò huài dāng dì shēng tài píng héng de rù qīn wù zhǒng
的生存，成为破坏当地生态平衡的入侵物种。

用鼻子挖洞的理纹肩蛙

大多数蛙都用爪子挖掘洞穴，理纹肩蛙却像大象一样把鼻子当工具。用鼻子挖洞也是肩蛙科的共同习性。

理纹肩蛙是无尾目肩蛙科肩蛙属的物种，栖息于撒哈拉沙漠以南的非洲地区，成年后体长在8厘米左右，以白蚁和蚂蚁为食。

理纹肩蛙四肢短小，身体圆胖，无法快速跳跃和奔跑，在遇到危险时首先采用的是“遁地之术”，它们会快速找到松软的土地，把坚硬且前凸的鼻子当铲子用，快速挖出一个可供自己钻入的洞口。

如果土地坚硬不好挖，理纹肩蛙就会使出最后一招，吞入空气为自己“打气”，把身体变得更圆更胖，增大捕食者吞食的难度。

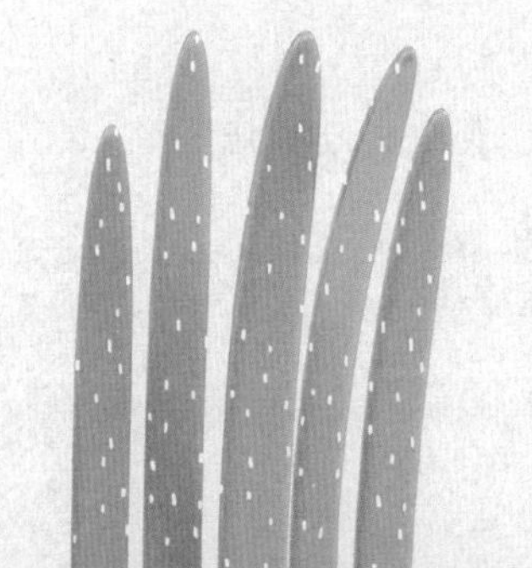

小时候根据饮食改变自己的

新墨西哥旱掘蟾

2003年，一种蛤蟆被评选为美国新墨西哥州的代表动物，这就是新墨西哥旱掘蟾。

新墨西哥旱掘蟾是无尾目北美锄足蟾科旱掘蟾属的物种，后肢上长有该科成员所共有的铲状突起，可用来在沙地上挖掘；遇到危险时体表的腺体中会分泌刺激性的有毒黏液，味道闻起来有些像花生酱。

相比于成年个体，新墨西哥旱掘蟾的蝌蚪本领更大，能根据所处环境中的食物改变自己的生理结构。当仙女虾较多时，它们会生长出适合捕捉猎物的嘴巴和消化肉食的内脏；而当仙女虾数量减少，需要搭配藻类中的有机碎屑才能吃饱时，它们的生理结构又会变得适应杂食。

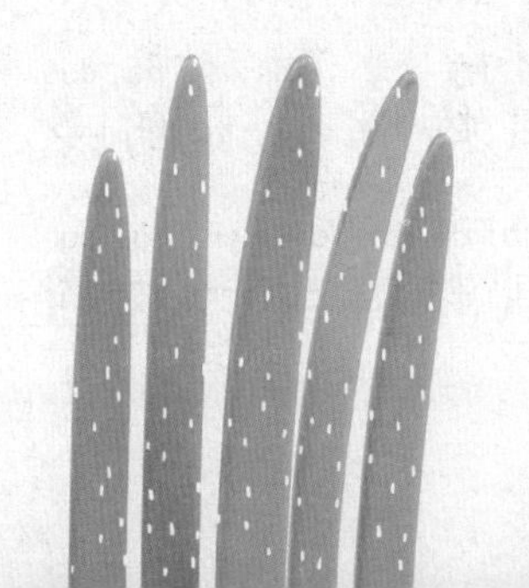

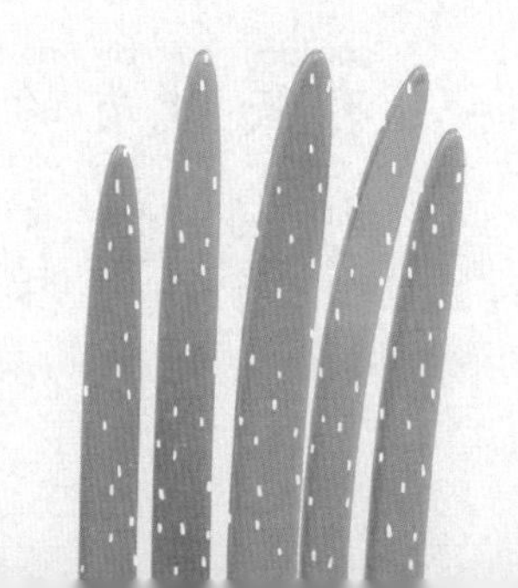

集体“建产房”的灰螳臂树蛙

为了争夺配偶，大多数种类的雄蛙之间会一较高下，灰螳臂树蛙的雄蛙却能和平共处。

灰螳臂树蛙是无尾目树蛙科螳臂树蛙属的物种，分布于撒哈拉沙漠以南的非洲地区，因前肢形态酷似螳螂的前肢而得名，喜欢吃昆虫。

灰螳臂树蛙俗称“泡巢蛙”。所谓“泡巢”，顾名思义就是用气泡制成的巢穴。这个巢穴即雌蛙产卵的“产房”，由多只蛙合力建造而成。每到繁殖期，待产的雌蛙就会首先分泌一种含有蛋白质的黏稠液体，然后和被自己吸引来的多只雄蛙一起用后肢进行搅动，直到制造出一大团气泡。

雌蛙在气泡中产卵时，雄蛙会陆续进入其中给卵受精。大约5天后，气泡溶解，孵化出的蝌蚪就直接落入下面的水中。

和捕鸟蛛做“室友”的点状蜂蛙

对于弱小的动物来说，设法给自己找个保镖无疑能提升活命的概率，点状蜂蛙就选择了一种名为“哥伦比亚镭射蛛”的蜘蛛做“保镖”。

点状蜂蛙是一种体长约2.5厘米的小型蛙，主要栖息于亚马孙热带雨林中，和大多数蛙自己挖洞不同，它们选择在哥伦比亚镭射蛛的家里居住。

哥伦比亚镭射蛛是一种捕鸟蛛，虽然身为地栖蜘蛛很难捕捉到飞鸟（整个捕鸟蛛科其实都不以鸟为主食），但最大可达9厘米的体长还是让它们可以轻松制服很多中小型蛙类。

敢和如此危险的捕食动物做“室友”，点状蜂蛙的筹码是毒素和饮食习惯。它们皮肤腺体分泌的毒素足以让哥伦比亚镭射蛛在吞咽时感到难受。它们的食物则是以蜘蛛卵为食的蚂蚁。也就是说，点状蜂蛙靠哥伦比亚镭射蛛保护，而它们又保护了对方的卵，两者之间形成了互利的“共生关系”。夜晚，点状蜂蛙甚至会待在哥伦比亚镭射蛛腿的缝隙间休息，足见它们之间的关系有多亲密。

在植物中度过童年的红背箭毒蛙

很多昆虫都喜欢寄生在植物中。这种现象在蛙类中同样存在，红背箭毒蛙的童年就是在一种叫“积水凤梨”的植物中度过的。

红背箭毒蛙体长约2厘米，分布于巴西西部和秘鲁东南部的热带雨林中，拥有树栖和地栖两种生活方式。还是卵的时候，它们就和积水凤梨扯上了关系。

积水凤梨和我们所食用的菠萝同属凤梨科，因植株中央的叶片呈碗状能盛雨水而得名。每年雨季，处于繁殖期的蛙妈妈会把卵产在积水凤梨的碗状叶片中，让雨水为卵保湿。等小蝌

dǒu lù xù jiàng shēng hòu wèi fáng zhǐ tā men zài yí gè wō lǐ yīn qiǎng duó
蚪陆续降生后，为防止它们在一个窝里因抢夺
shí wù hé shēng cún kōng jiān ér zì xiāng cán shā wā bà ba huì fēn bié bǎ
食物和生存空间而自相残杀，蛙爸爸会分别把
xiǎo kē dǒu bēi dào qí tā jī shuǐ fèng lí zhuāng mǎn yǔ shuǐ de yè piàn zhōng
小蝌蚪背到其他积水凤梨装满雨水的叶片中，
ràng měi gè hái zi dōu yǒu dú lì de fáng jiān hóng bèi jiàn dú wā de kē dǒu
让每个孩子都有独立的房间。红背箭毒蛙的蝌蚪
huì yì zhí zài jī shuǐ fèng lí zhōng shēng huó dào zhǎng chéng yòu wā zài cǐ
会一直在积水凤梨中生活到长成幼蛙，在此
qī jiān tā men de shí wù shì mā ma chǎn xià de wèi shòu jīng luǎn
期间，它们的食物是妈妈产下的未受精卵。

眼睛长在头顶的圆眼珍珠蛙

为方便观察水面的情况，一些水栖动物的眼睛长在头顶上，比如我们熟悉的鳄鱼。这种情况蛙类同样存在，圆眼珍珠蛙就是如此。

圆眼珍珠蛙属于无尾目角花蟾科，是三种俗称为“小丑蛙”的物种之一（另外两种是猫眼珍珠蛙和十字小丑蛙）。圆眼珍珠蛙分布于南美洲南部的阿根廷、巴拉圭和玻利维亚境内，体色以灰褐色和褐色为主，因瞳孔呈圆形而得名。

以“小丑”为名，圆眼珍珠蛙的形象自然十分滑稽，巨大的脑袋占据了体长（约10厘米）的三分之一左右，最前面是一张宽大的嘴巴，整体看上去就像个大头娃娃。

圆眼珍珠蛙胃口很好，小鱼、小虾，各种无脊椎动物都是它们的主食，有时甚至会利用眼睛在头顶上的优势（身体隐藏在水下，不易被发现），偷袭来岸边喝水的鼠类。

嘴比身体大的霸王角蛙

说到嘴大的蛙，就不得不提霸王角蛙。

霸王角蛙来自角花蟾家族，是角花蟾属的8个物种之一，栖息于亚马孙热带雨林中，因最早被发现于苏里南，又名“苏里南角花蟾”。霸王角蛙皮肤体色呈现枯叶黄、橘黄、灰、绿等多种色彩，上面布满深色条纹，雌性体长可达12厘米，是最大的角蛙。

霸王角蛙不仅块头大，性格也非常凶猛，小到包括各种昆虫在内的无脊椎动物，大到蜥蜴、鼠类都在它们的食谱上，就连同类也不放过。它们能吞食比自己大的猎

wù yǐ zhàng de shì jī hū hé tóu bù děng kuān de dà zuǐ ba qí kuān
物，倚仗的是几乎和头部等宽的大嘴巴，其宽

dù dà yuē shì tǐ cháng de bèi
度大约是体长的 1.6 倍。

移动时闪现红色的金线蛙

金线蛙是无尾目细趾蟾科细趾蟾属的物种，体长约5厘米，栖息于南美洲西北部的热带雨林中。

静止状态下的金线蛙毫无特别之处，但当它们移动时，腹股沟和两条大腿后侧原本灰不

liū qiū de pí fū jiù huì shǎn xiàn hóng sè zhè zhǒng chāo néng lì shì
溜秋的皮肤就会闪现红色，这种“超能力”是
zài màn cháng yǎn huà guò chéng zhōng liàn jiù de zì bǎo shǒu duàn yóu yú tǐ
在漫长演化过程中练就的自保手段。由于体
xíng jiào xiǎo qiě méi yǒu dú xìng jīn xiàn wā hěn róng yì chéng wéi ròu shí xìng
形较小且没有毒性，金线蛙很容易成为肉食性
dòng wù bǔ liè de mù biāo qià hǎo shēng huó zài tóng yì qū yù de yì zhǒng
动物捕猎的目标。恰好生活在同一区域的一种
jiàn dú wā dà tuǐ bù wèi chéng xiàn hóng sè jīn xiàn wā jiù tōng guò mó nǐ
箭毒蛙大腿部位呈现红色，金线蛙就通过模拟
duì fāng de fū sè lái kǒng hè nà xiē dǎ zì jǐ zhǔ yi de jiā huo
对方的肤色来恐吓那些打自己主意的家伙。

zài chòu shuǐ zhōng chǎn luǎn de liú shì tài nuò wā

在臭水中产卵的刘氏泰诺蛙

dà duō shù wā dū huì zài xiāng duì gān jìng de shuǐ yù chǎn luǎn

大多数蛙都会在相对干净的水域产卵，

liú shì tài nuò wā què piān piān gěi hái zi xuǎn le gè chòu shuǐ kēng

刘氏泰诺蛙却偏偏给孩子选了个臭水坑。

liú shì tài nuò wā shì wú wěi mù chā shé wā kē dà tóu wā shǔ de

刘氏泰诺蛙是无尾目叉舌蛙科大头蛙属的

wù zhǒng fēn bù yú wǒ guó yún nán bù fen dì qū yǐ jí dōng nán yà

物种，分布于我国云南部分地区以及东南亚

de tài guó miǎn diàn jiǎn pǔ zhài lǎo wō jìng nèi rè dài qū yù

的泰国、缅甸、柬埔寨、老挝境内，热带区域

hǎi bá mǐ de shān zhōng xī liú yǐ jí shuǐ liú tuān jí

海拔550～850米的山中溪流，以及水流湍急

de shuǐ gōu shì tā men píng rì de qī shēn zhī suǒ liú shì tài nuò

的水沟，是它们平日的栖身之所。刘氏泰诺

wā tǐ cháng wéi lí mǐ shēn tǐ bèi miàn hé fù miàn fēn

蛙体长为3.2～3.9厘米，身体背面和腹面分

bié wéi zōng huáng hé ròu huáng sè bèi bù zhōng yāng de bā zì

别为棕黄和肉黄色，背部中央的“八”字

xíng pí fū zhě zhòu hé sì zhī shàng de héng wén dōu shì hēi sè de hóu

形皮肤褶皱和四肢上的横纹都是黑色的，喉

lóng chù fēn bù zhe zōng hēi sè bān diǎn

咙处分布着棕黑色斑点。

měi nián wǔ liù yuè liú shì tài nuò wā jìn rù fán zhí qī

每年五六月，刘氏泰诺蛙进入繁殖期。

雌蛙会来到河漫滩（洪水期淹没的河床以外的河谷谷底部分，由河流的横向迁移和洪水漫堤的沉积作用形成）上，选择腐殖质层较厚、水质浑浊的小水塘产卵。这些小水塘虽然散发着腐臭的气味，但却富含有机质，有助于卵的发育。

在积水房间内产卵的攀树彩蛙

对于人类来说，发洪水把房子淹了是灾难。但对于攀树彩蛙来说，水灌进房子却是件好事。

攀树彩蛙属于漫蛙科曼蛙属，分布于马达加斯加岛，体长约 2.4～3 厘米。铺满落叶的地面及离地 4 米左右的树上是攀树彩蛙主要的活动场所，有时会集2～6只的群体在树洞里休息。

除了平日里的“住房”，树洞还是雌性攀树彩蛙在繁殖期的产房，不过要等到雨后才能投入使用。当雨水灌入树洞，并且水量累积到形成小水塘的程度时，处于繁殖期的准妈妈们就会把卵产在水面上。

会模仿猎物叫声的扁头细趾蟾

与其费力去找寻猎物，不如把对方吸引过来再捕食。扁头细趾蟾就掌握了这种轻松的捕猎技能。

扁头细趾蟾和南美牛蛙是同属近亲，属于

wú wěi mù xì zhǐ chán kē xì zhǐ chán shǔ zhǐ fēn bù yú ā gēn tíng
无尾目细趾蟾科细趾蟾属，只分布于阿根廷、
bō lì wéi yà hé bā lā guī de píng yuán dì qū xǐ huan zài gān hàn de
玻利维亚和巴拉圭的平原地区，喜欢在干旱的
lín dì cǎo yuán guàn cóng huán jìng zhōng qī shēn tǐ biǎo de bān wén
林地、草原、灌丛环境中栖身，体表的斑纹
kù sì shān hú yīn cǐ yě bèi xíng xiàng de chēng wéi shān hú wā
酷似珊瑚，因此也被形象地称为“珊瑚蛙”。

biǎn tóu xì zhǐ chán tōng cháng zài yè wǎn bǔ liè tā men de wèi
扁头细趾蟾通常在夜晚捕猎，它们的胃
kǒu hěn hǎo xiǎo dào gè zhǒng kūn chóng dà dào qí tā wā lèi hé xiǎo
口很好，小到各种昆虫，大到其他蛙类和小
xíng niè chǐ dòng wù dōu zài tā men de shí pǔ zhī shàng bǔ liè fāng fǎ yǒu
型啮齿动物都在它们的食谱之上。捕猎方法有
liǎng zhǒng yì zhǒng shì tōng guò liè wù de jiào shēng pàn duàn duì fāng de wèi
两种：一种是通过猎物的叫声判断对方的位
zhì zhè zhǔ yào yòng yú bǔ yì jī tā wā lèi lìng yì zhǒng shì mó fǎng
置，这主要用于捕食其他蛙类；另一种是模仿
liè wù de jiào shēng yǐn yòu duì fāng sòng shàng mén lái
猎物的叫声，引诱对方送上门来。

“女追男”的布莱氏大头蛙

虽然大多数蛙在繁殖期都是雄性向雌性“求爱”，但凡事总有例外，布莱氏大头蛙就反其道而行。

布莱氏大头蛙是无尾目叉舌蛙科大头蛙属的物种，体长为23～26厘米。布莱氏大头蛙分布于东南亚的热带雨林中，从海平面一直到海拔1200米区域的溪流内都能见到它们的身影。布莱氏大头蛙喜欢在水中的岩石上休息，以其他小型蛙类和各种节肢动物为食。

与大多数蛙不同，雄性布莱氏大头蛙没有声囊，在求偶时无法发声。反倒是雌蛙会发声告诉雄蛙“我来了”。有观点认为，雌性布莱氏大头蛙叫声的含义是告诉对方自己是来寻求婚配的异性，不是来抢夺地盘的同性。

“骗婚”的点股箭毒蛙

生存和繁衍是生物的两大本能，通常来说，只有身体强壮的雄蛙才能获得异性的青睐。为了延续自己的基因，一些先天劣势的个体不得不想尽办法“骗婚”，点股箭毒蛙就是这么做的。

diǎn gǔ jiàn dú wā shì wú wěi mù jiàn dú wā kē yōu líng jiàn dú wā shǔ
点股箭毒蛙是无尾目箭毒蛙科幽灵箭毒蛙属
de wù zhǒng fēn bù yú nán měi zhōu běi bù dì qū yīn dà tuǐ gǔ gǔ chù
的物种，分布于南美洲北部地区，因大腿股骨处
de diǎn zhuàng bān kuài ér dé míng
的点状斑块而得名。

hé jué dà duō shù wā lèi yí yàng diǎn gǔ jiàn dú wā de xióng wā zài
和绝大多数蛙类一样，点股箭毒蛙的雄蛙在
fán zhí qī huì péng zhàng zì jǐ de shēng náng jǐn kě néng de dà shēng míng
繁殖期会膨胀自己的声囊，尽可能地大声鸣
jiào yǐ cǐ lái xī yǐn cí wā de zhù yì cǐ shí yì xiē qì lì jiào
叫，以此来吸引雌蛙的注意。此时，一些气力较
xiǎo de xióng xìng gè tǐ huì xué zhe nà xiē qiáng zhuàng xióng wā de yàng zi gǔ
小的雄性个体会学着那些强壮雄蛙的样子鼓
dòng zì jǐ de shēng náng dàn bú huì zhēn de fā shēng zhè zhǒng tóu jī qǔ
动自己的声囊，但不会真的发声，这种投机取
qiǎo de zuò fǎ yǒu shí hái zhēn néng dá dào yǐ jiǎ luàn zhēn de xiào guǒ
巧的做法有时还真能达到以假乱真的效果。

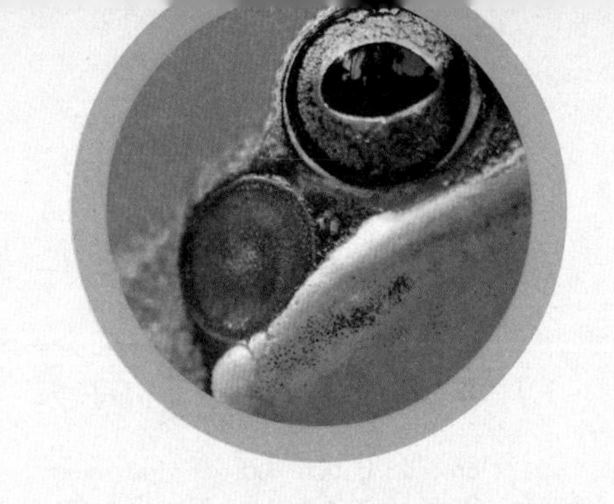

脸上“贴铜钱”的铜颊蛙

有些蛙的名字来自某个部位的突出特征，铜颊蛙就属于这种情况。

铜颊蛙在分类上属于无尾目树蛙科，主要分布于马来西亚刁曼岛上的热带雨林中，喜欢在靠近河岸的密林中活动；成年后体长为7～10厘米，属于中等体形的蛙类。铜颊蛙体色以绿色或橄榄色为主，上面点缀着深色斑点，名字来源于脸颊两侧像铜钱一样的斑块。

在生活习性上，铜颊蛙喜欢昼伏夜出。在

闷热的白天，它们会在树叶、草丛、岩石缝隙等地方休息；等到了相对凉爽的夜晚则会去寻找蝗虫、蟋蟀、蚂蚁等昆虫及其他小型无脊椎动物来填饱肚子。

一身迷彩服的迷彩箭毒蛙

yì shēn mí cǎi fú de mí cǎi jiàn dú wā

rén lèi de hěn duō fā míng dōu lái zì yú dòng wù dài lái qǐ fā

人类的很多发明都来自于动物带来启发，

mí cǎi fú jiù shì rú cǐ. dòng wù lǐ shēn zhuó mí cǎi fú de bú zài shǎo

迷彩服就是如此。动物里身着迷彩服的不在少数，比如迷彩箭毒蛙。

迷彩箭毒蛙是箭毒蛙科箭毒蛙属的物种，栖息于中南美洲部分国家和地区的热带雨林中，体长为2.5～4厘米，大部分时间在地面活动，最爱吃蚂蚁、白蚁、甲虫，甚至臭虫也在它们的食谱上。

迷彩箭毒蛙的名字，来源于它们黑色和苔藓绿相间，看上去酷似迷彩服的皮肤。这种肤色一方面对于隐蔽在远处的天敌有迷惑作用，让其无法发现迷彩箭毒蛙的踪迹；另一方面，对于近在眼前的捕食者来说则是警戒色，警告对方自己有毒。

叫声像放屁的吴氏齿突蟾

如果评选叫声最尴尬的蛙，吴氏齿突蟾绝对有希望上榜。

吴氏齿突蟾是无尾目角蟾科齿突蟾属的物种，只发现于我国西藏墨脱，为我国特有。吴氏齿突蟾分布于海拔2700～2800米的针阔叶混交林中，白天喜欢在平缓溪流中的倒木下休息，日落后在林地下方的落叶层或杂草上活动，伺机偷袭猎物。雌雄两性体形差距较大，雄蟾体长不超过8.38厘米，雌蟾则能达到11.67厘米。吴氏齿突蟾头顶及背部呈深褐色，腹部灰褐色。

为了和同伴交流，吴氏齿突蟾有时会发出

“噗噗”的叫声，听起来有点儿像人在排气。网上有个段子：两名科考队员外出寻蛙，突然听到放屁的声音，其中一人以为是同伴消化不良，寻源后才发现是吴氏齿突蟾在叫。

因胆小而暴露的北小跳蛙

动物体形越小越容易遭到攻击，因此小型蛙类的警惕性往往都非常高，但有时反倒会因为过度谨慎而暴露自己，比如北小跳蛙。

北小跳蛙是无尾目叉舌蛙科小跳蛙属的物

种，栖息于我国西藏墨脱及其南部地区，海拔500～800米范围内的林间小溪中。雄蛙平均体长约2.2厘米，雌蛙体长为2.31～2.81厘米。北小跳蛙四足上有小吸盘；除第一和第五趾外，其余指头上长有全蹼，身体背部深褐色，腹部浅黄。

北小跳蛙平日里喜欢趴在岩石上，体色刚好和周围环境融为一体。尽管如此，它们还是谨小慎微，一有风吹草动就会迅速跳跃逃离，但这样反而暴露了踪迹。好在北小跳蛙的跳跃能力很强，足以保证在大多数情况下成功脱险。

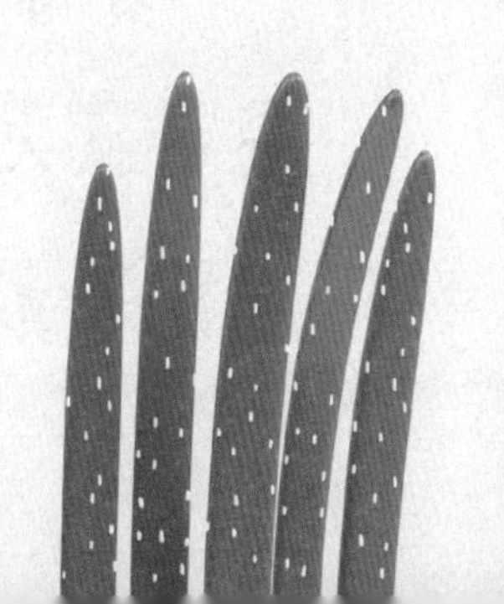

最大的两栖动物——中国大鲵

在我国，有一类被俗称为“娃娃鱼”的两栖动物，这就是中国大鲵。

中国大鲵在分类上属于有尾目隐鳃鲵科大鲵属，是世界上现存最大的两栖动物，成年后体长可达1.5米。中国大鲵主要分布于黄河以南地区的淡水中，喜欢在光线暗淡的水下洞穴附近生活，凭借能够融入环境的灰暗体色隐藏自己，等待不明真相的鱼、虾蟹等猎物靠近后发动雷霆一击。

坊间传言，中国大鲵的俗名娃娃鱼来源于它们像人类孩子啼哭一样的叫声，但其实它们并没有真正的发声器官，最多只能从喉咙里发

出类似呼气一样的声音。

雄性中国大鲵是非常有责任心的“奶爸”，从孵卵一直到孩子出生后的40天内都会寸步不离，悉心照顾和保护孩子。和成年后看不到外鳃（这也是“隐鳃鲵科”名字的由来）不同，童年时的中国大鲵头部两侧分别有3对粉红色的外鳃，这6个外鳃要到它们3岁左右才会消失。

“长不大”的墨西哥钝口螈

中国大鲵的外鳃在长大后逐渐消失，但另一种有尾目动物却可以终生保留外鳃，这就是墨西哥钝口螈。

墨西哥钝口螈是有尾目钝口螈科的两栖动物，生活在充满泥沙的湖泊或河流中，是墨西哥的特有物种。因3对长有绒毛的外鳃看上去就像6只角，拥有了“六角恐龙”的俗名。

墨西哥钝口螈能保留住漂亮的外鳃，是适应环境的结果。由于其所栖息的环境缺少碘元素，墨西哥钝口螈的甲状腺激素含量很低，这使得它们在成年后除体形变大外，其余依旧保留着小时候的模样——如蝌蚪一样的身

材和没有鳞片的光滑皮肤，这种现象被称为“终生幼态”。

“没有眼睛”的洞螈

很多穴居动物因为长期生活在暗无天日的环境中，眼睛已经严重退化，洞螈也不例外。

洞螈是有尾目洞螈科洞螈属的物种，体长约30厘米，以小鱼、小虾和小型无脊椎动物为

shí fēn bù yú cóng ōu zhōu dōng nán dào ōu zhōu nán bù de xiá cháng fàn wéi
食，分布于从欧洲东南到欧洲南部的狭长范围

nèi xǐ huan zài yóu shí huī yán gòu chéng de shuǐ xià róng dòng lǐ shēng huó
内，喜欢在由石灰岩构成的水下溶洞里生活，

zài ōu zhōu yì xiē guó jiā bèi chēng wéi rén yú
在欧洲一些国家被称为“人鱼”。

dòng yuán hái yǒu gè míng zi jiào máng yuán zhè shì yīn wèi suí
洞螈还有个名字叫“盲螈”，这是因为随

zhe shēng zhǎng fā yù tā men de yǎn jing huì bèi pí fū fù gài kàn shàng
着生长发育，它们的眼睛会被皮肤覆盖，看上

qù jiù xiàng méi zhǎng yǎn jing yí yàng
去就像没长眼睛一样。

yóu yú dòng xué zhōng shí wù yǒu xiàn dòng yuán dà bù fen shí jiān dōu
由于洞穴中食物有限，洞螈大部分时间都

yí dòng bú dòng de dāi zhe zài jiǎn shǎo xiāo hào de tóng shí tā men hái duàn
一动不动地待着，在减少消耗的同时它们还锻

liàn chū le jí qiáng de kàng jī è néng lì yí cì chī bǎo hòu kě yǐ cháng
炼出了极强的抗饥饿能力，一次吃饱后可以长

shí jiān yǒu guān diǎn rèn wéi shì nián bú jìn shí
时间（有观点认为是6年）不进食。

kào lèi gǔ chuān tòu shēn tǐ zì wèi de ōu fēi lèi tū yuán

靠肋骨穿透身体自卫的欧非肋突螈

zhuàng fà wā kào tū rán tán chū de zhuǎ zi zì wèi ōu fēi lèi tū
壮发蛙靠突然弹出的爪子自卫，欧非肋突
yuán yǐ zhàng de zé shì dài dú de lèi gǔ
螈倚仗的则是带毒的肋骨。

ōu fēi lèi tū yuán shì yǒu wěi mù róng yuán kē lèi tū yuán shǔ de wù
欧非肋突螈是有尾目蝾螈科肋突螈属的物
zhǒng fēn bù yú nán ōu de xī bān yá pú tao yá jí běi fēi de mó luò
种，分布于南欧的西班牙、葡萄牙及北非的摩洛
gē jìng nèi tǐ sè yǐ huī sè huò zōng sè wéi zhǔ chéng nián hòu tǐ cháng
哥境内，体色以灰色或棕色为主，成年后体长
yuē lí mǐ ōu zhōu de zhǒng qún tǐ xíng lüè dà
约30厘米，欧洲的种群体形略大。

欧非肋突螈平日里身体看上去和其他的有尾目动物没什么区别，但当遇到危险时，“肋突”的特点就会彰显出来。当欧非肋突螈遭遇其他捕食动物攻击时，原本被皮肤和肌肉包裹的肋骨就会从身体两侧横穿而出，直刺对手。

除了物理攻击，欧非肋突螈还有化学武器，它们皮肤上的腺体可分泌增加疼痛感的毒素。伴随着像骨刺一样锋利的肋骨刺入对手体内，毒素也会被注射进去，所产生的痛感足以让大部分捕食者落荒而逃。

当危险解除后，欧非肋突螈的肋骨会重新收缩回体内，被刺破的肌肉和皮肤也会因强大的再生能力而迅速长好。

怕热的火蝾螈

在包括《哈利·波特》在内的很多魔幻作品中，都有一种能释放火焰，并在烈火中生存的神奇生物“火蜥蜴”，其原型是一种名叫火蝾螈的两栖动物。

火蝾螈也叫真螈，是有尾目蝾螈科真螈属

的物种，主要栖息于西欧和南欧的森林中，体长约20厘米，拥有黑黄相间的体色，以无脊椎动物及体形较小的蛙或其他蝾螈为食。

现实中的火蝾螈非常怕热，喜欢待在阴冷潮湿的环境中，以火为名完全是以讹传讹的结果。为躲避炎热和天敌，火蝾螈经常躲在朽倒在地面的枯木下。人们烧荒时会点燃这些枯木，迫使它们逃离居所，乍看上去就像从火里出来的。

火蝾螈自然无法喷火，在面对天敌时，它们最主要的防御武器是从位于眼睛后方及身体两侧的腺体中释放的名为“蝾螈碱”的神经毒素，可导致对方出现暂时性的肌肉痉挛等症状，为自己赢得逃跑时间。

用皮肤呼吸的无肺螈

无肺螈是有尾目中最繁盛的家族，目前已发现的种类有27个属220多种，其中99%以上

de zhǒng lèi fēn bù yú měi zhōu yòu yǐ běi měi zhōu nán bù wéi zuì duō
的种类分布于美洲，又以北美洲南部为最多。
wú fèi yuán jiā zú chéng yuán de tǐ cháng cóng lí mǐ dào lí mǐ bù
无肺螈家族成员的体长从3厘米到30厘米不
děng shēng huó fāng shì de xuǎn zé shàng yě yǒu lù qī shù qī shuǐ
等，生活方式的选择上也有陆栖、树栖、水
qī xué jū děng duō zhǒng
栖、穴居等多种。

chéng nián hòu de wú fèi yuán yòng pí fū hū xī dàn tā men bìng fēi
成年后的无肺螈用皮肤呼吸，但它们并非
tiān shēng méi zhǎng fèi chǔ yú pēi tāi shí qī de wú fèi yuán bǎo bao tǐ
天生没长肺。处于胚胎时期的无肺螈宝宝体
nèi yuán běn yōng yǒu lèi sì fèi de jié gòu què quē fá kě cù shǐ qí shēng
内原本拥有类似肺的结构，却缺乏可促使其生
zhǎng fā yù de jī yīn dǎo zhì zhè ge chú xíng de fèi zài fū huà qián jiù
长发育的基因，导致这个雏形的肺在孵化前就
tuì huà chéng le wèi yú yān hóu bù wèi de zhě zhòu zhì yú wú fèi yuán wèi
退化成了位于咽喉部位的褶皱。至于无肺螈为
hé yào wán quán shě qì fèi ér bǎ hū xī de rèn wu quán bù jiāo gěi pí
何要完全舍弃肺，而把呼吸的任务全部交给皮
fū shēng wù xué jiā mù qián hái méi yǒu zhǎo dào míng què de dá àn
肤，生物学家目前还没有找到明确的答案。

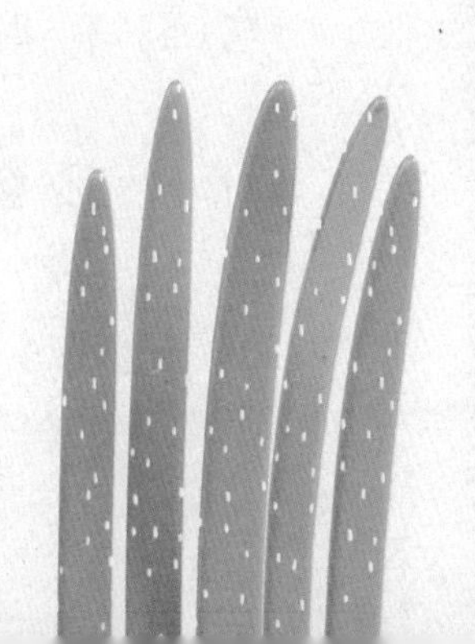

会滑翔的流浪攀螈

流浪攀螈是无肺螈科的成员，属于无肺螈亚科攀螈属，栖息于美国西部的红杉林中，几乎一生都生活在树上，是典型的树栖螈类。长而有力的四肢，宽大的四足，又长又灵活的尾巴，这三个先天条件使得它们不仅攀爬功夫了得，还拥有极强的滑翔能力。

通常情况下，流浪攀螈会在距离地面几十米高的地方栖息，但出于捕食或其他需求，它们有时也会爬到100多米高的地方，下来的时候则会采用节省体力和时间的办法——伸展身体，张开四肢，纵身跃下。

gǎn zhè me zuò shì yīn wèi liú làng pān yuán néng gòu zài kōng zhōng
敢这么做，是因为流浪攀螈能够在空中

huá xiáng huá xiáng guò chéng zhōng tā men de wěi ba qǐ le guān jiàn
滑翔。滑翔过程中，它们的尾巴起了关键

zuò yòng tōng guò bǎi dòng wěi ba tā men zài kōng zhōng jí biàn dà tóu
作用。通过摆动尾巴，它们在空中即便大头

cháo xià yě néng tiáo zhěng zī tài ràng zì jǐ zuì zhōng yǐ sì zú cháo
朝下也能调整姿态，让自己最终以四足朝

xià de zī shì luò dào dī chù de zhī gàn shàng
下的姿势落到低处的枝干上。

喜欢挖掘的虎纹钝口螈

为了住得安全又舒适，一些动物会经常修缮自己的居所，虎纹钝口螈就是如此。

虎纹钝口螈是有尾目钝口螈科钝口螈属的物种，广泛分布于从加拿大南部到墨西哥的大片区域内，是北美洲最常见的有尾目动物，能适应沼泽、湿地、森林、草原等多种环境。虎纹钝口螈因体表具有类似虎纹的条纹而得名。成年后体长约33厘米，以节肢动物、软体动物、小鱼、小型蛙类及其他两栖动物的蝌蚪为食。

虎纹钝口螈非常喜欢“建造房屋”，除每年春季的繁殖期外，其余时间只要有空，它们就会在阴暗潮湿的地下或水中挖掘洞穴。

dòng wù zhōng de né zhā

动物中的哪吒——

ā ěr bēi sī róng yuán

阿尔卑斯蝾螈

wǒ guó gǔ dài shén huà chuán shuō zhōng de né zhā shì qí mǔ qīn huái
我国古代神话传说中的哪吒是其母亲怀
tāi nián cái shēng xià lái de zì rán jiè zhōng de ā ěr bēi sī róng
胎3年才生下来的。自然界中的阿尔卑斯蝾
yuán tóng yàng huì zài mǔ qīn dù zi lǐ dāi shàng nián
螈同样会在母亲肚子里待上3年。

ā ěr bēi sī róng yuán shì yǒu wěi mù róng yuán kē róng yuán shǔ
阿尔卑斯蝾螈是有尾目蝾螈科蝾螈属
de wù zhǒng píng jūn tǐ cháng lí mǐ zuì cháng kě zhǎng dào
的物种，平均体长12厘米，最长可长到16
lí mǐ yīn qī xī yú ā ěr bēi sī shān qū ér dé míng hǎi bá
厘米，因栖息于阿尔卑斯山区而得名。海拔
mǐ yǐ xià de shī rùn lín dì shì tā men zhǔ yào de shēng huó qū
3000米以下的湿润林地是它们主要的生活区
yù ā ěr bēi sī róng yuán yǐ jiǎ chóng wú gōng zhī zhū děng wú
域。阿尔卑斯蝾螈以甲虫、蜈蚣、蜘蛛等无
jǐ zhuī dòng wù wéi shí
脊椎动物为食。

ā ěr bēi sī róng yuán shì ōu zhōu wéi yī luǎn tāi shēng de liǎng qī
阿尔卑斯蝾螈是欧洲唯一卵胎生的两栖

dòng wù chū shēng hòu de xiǎo róng yuán huì xiān zài mǔ qīn de tǐ nèi
动物，出生后的小蝾螈会先在母亲的体内

zhù shàng nián zhǎng dào xiāng duì dà ér qiáng zhuàng shí zài chū shēng
住上3年，长到相对大而强壮时再出生。

cè liáng fā xiàn gāng chū shēng de xiǎo ā ěr bēi sī róng yuán tǐ cháng
测量发现，刚出生的小阿尔卑斯蝾螈体长

kě dá lí mǐ jī hū dá dào le mǔ qīn zhèng cháng tǐ cháng
可达5.8厘米，几乎达到了母亲正常体长

de yí bàn
的一半。

繁殖期临时长鳍的大冠欧螈

很多动物在繁殖期，身体都会变得跟平时不同，大冠欧螈就是如此。

大冠欧螈也叫大冠蝾螈，是有尾目蝾

螈科冠欧螈属的物种，体长可达18厘米，是欧洲最大的水生蝾螈。大冠欧螈主要栖息于水流较缓甚至是不流动的湖泊、池塘、沟渠等水域内，有时也进入林地活动，以小型甲壳动物和水生昆虫为食。

平日里，雌雄两性大冠欧螈的区别主要看尾巴：雌性尾巴上是红色或橙色条纹，雄性则是蓝白色。到了繁殖期，差别就明显多了，雄性从眼睛正上方的头顶部位一直到尾巴上会长出许多冠状鳍，有的较为平滑，有的则参差不齐，这是为吸引异性而临时生成的。

把卵分散在不同地方的东方蝾螈

“不要把鸡蛋放在一个篮子里”是一句劝人做多手准备，从而降低风险的谚语。自然界中的东方蝾螈把其“运用”到了繁衍大计上。

东方蝾螈是有尾目蝾螈科蝾螈属的物种，也是我国特有的两栖动物，浙江、江苏、安徽、福建、江西、湖南、湖北、河南等省份都有分布。东方蝾螈栖息于海拔1000米以下的山区地带，喜欢围绕水草丰茂的静水水塘、泉水池和稻田活动。东方蝾螈体长为5.6～9.4厘米，雌性略大；以蚊蝇幼虫、蚯蚓，及其他小型水生动物为食。

东方蝾螈的繁殖能力很强，每年3～7月，平均每只雌蝾螈会产下100粒左右的卵。为防止没出生的宝宝被捕食者“一锅端”地吃掉，准妈妈们会不辞辛苦地把卵分散产在不同的水草上。这种不断变换“产房”的产卵方式无疑会把大量的体力消耗在路上，雌蝾螈每天的产卵量通常不超过5粒。

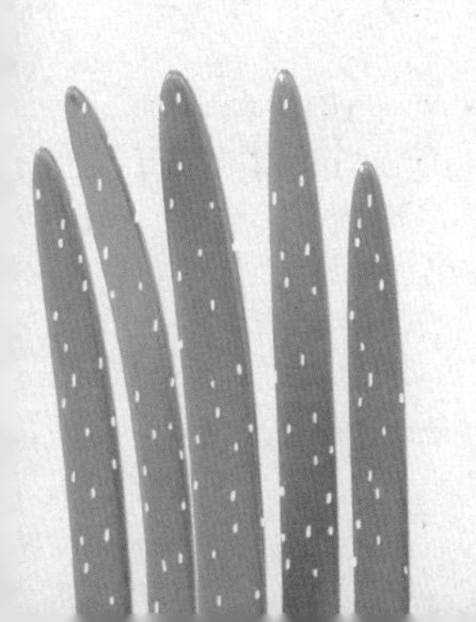

繁殖期“腿变粗”的吉林爪鲵

有些动物的身体在繁殖期会显现出和平时不一样的特征，吉林爪鲵就是如此。

吉林爪鲵是我国特有的两栖动物，分类上属于有尾目小鲵科爪鲵属，栖息于长白山海拔250～1000米的针阔叶混交林中，密布水草和岩石的冷水溪流和山泉是它们首选的安家之处。吉林爪鲵体长为14～18厘米，捕食各种昆虫、蜘蛛、蛞蝓、蜗牛、蚯蚓等无脊椎动物。

吉林爪鲵每年五六月开始繁殖。在此期间，雄鲵的跖骨腹面及第五趾会横向扩展成皮膜状，整个后肢也因此看上去非常宽大。

Photo Credits